Thomas Meinertz

Ärztliche Kunst

Wissen & Leben
Schattauer

herausgegeben von Wulf Bertram

Zum Herausgeber von »Wissen & Leben«:

Wulf Bertram, Dipl.-Psych. Dr. med., geb. in Soest/Westfalen. Studium der Psychologie und Soziologie in Hamburg. War nach einer Vorlesung über Neurophysiologie von der Hirnforschung so fasziniert, dass er spontan zusätzlich ein Medizinstudium begann. Zunächst Klinischer Psychologe im Univ.-Krankenhaus Hamburg-Eppendorf, nach dem Staatsexamen und der Promotion in Medizin psychiatrischer Assistenzarzt in der Provinz Arezzo/Italien und in Kaufbeuren. 1985 Lektor für medizinische Lehrbücher in einem Münchener Fachverlag, ab 1988 wissenschaftlicher Leiter des Schattauer Verlags, seit 1992 dessen verlegerischer Geschäftsführer. Ist überzeugt, dass Lernen ein Minimum an Spaß machen muss, wenn es effektiv sein soll. Aus dieser Einsicht gründete er 2009 auch die Taschenbuchreihe »Wissen & Leben«, in der wissenschaftlich renommierte Autoren anspruchsvolle Themen auf unterhaltsame Weise präsentieren. Bertram hat eine Ausbildung in Gesprächs- und Verhaltenstherapie sowie in Tiefenpsychologischer Psychotherapie und ist neben seiner Verlagstätigkeit als Psychotherapeut und Coach in eigener Praxis tätig.

Thomas Meinertz

Ärztliche Kunst

Was einen guten Arzt ausmacht

Schattauer

Professor Dr. med. Thomas Meinertz
Vorstand der Deutsche Herzstiftung e.V.
Bockenheimer Landstr. 94–96
60323 Frankfurt am Main

Bibliografische Information der Deutschen Nationalbibliothek
Die Deutsche Nationalbibliothek verzeichnet diese Publikation in der Deutschen Nationalbibliografie; detaillierte bibliografische Daten sind im Internet über http://dnb.d-nb.de abrufbar.

Besonderer Hinweis
Die Medizin unterliegt einem fortwährenden Entwicklungsprozess, sodass alle Angaben, insbesondere zu diagnostischen und therapeutischen Verfahren, immer nur dem Wissensstand zum Zeitpunkt der Drucklegung des Buches entsprechen können. Hinsichtlich der angegebenen Empfehlungen zur Therapie und der Auswahl sowie Dosierung von Medikamenten wurde die größtmögliche Sorgfalt beachtet. Gleichwohl werden die Benutzer aufgefordert, die Beipackzettel und Fachinformationen der Hersteller zur Kontrolle heranzuziehen und im Zweifelsfall einen Spezialisten zu konsultieren. Fragliche Unstimmigkeiten sollten bitte im allgemeinen Interesse dem Verlag mitgeteilt werden. Der Benutzer selbst bleibt verantwortlich für jede diagnostische oder therapeutische Applikation, Medikation und Dosierung.
In diesem Buch sind eingetragene Warenzeichen (geschützte Warennamen) nicht besonders kenntlich gemacht. Es kann also aus dem Fehlen eines entsprechenden Hinweises nicht geschlossen werden, dass es sich um einen freien Warennamen handelt.

Schattauer
www.klett-cotta.de

Printed in Germany
Cover: unter Verwendung eines Fotos von © Daniel Nückel Fotografie
Gesetzt von am-productions GmbH, Wiesloch
Gedruckt und gebunden von Kösel, Krugzell

ISBN 978-3-608-43283-1

Lektorat: Volker Drüke
Illustrationen: Daniel Nückel Fotografie, info@danielnueckel.com

Auch als E-Book erhältlich

Vorwort

Bevor man die Frage beantwortet, was einen guten Arzt ausmacht, einen, der die ärztliche Kunst beherrscht, sollten wir uns fragen, ob solche Ärzte heutzutage überhaupt noch benötigt werden. Die Frage ist nicht trivial oder rhetorisch gemeint; so gibt es heute Meinungen, nach denen sich der „gute Arzt" überlebt hat und nicht mehr gefragt ist (s. Lantos 1999).

Worauf gründen sich die Zweifel an der Notwendigkeit eines sogenannten guten Arztes? Diese Frage wurde über Jahrhunderte nicht gestellt, weil die Antwort selbstverständlich war. Mit Beginn der medizinischen Neuzeit (ca. 1850) wird sie in den letzten Jahrzehnten zunehmend häufiger gestellt. Benötigen wir überhaupt noch den Arzt im klassischen Sinn?

Die Veränderung der Medizin mit Beginn der medizinischen Neuzeit war dramatisch. Die Umsetzung naturwissenschaftlicher Erkenntnisse in den ärztlichen Alltag hat die ärztliche Tätigkeit grundlegend gewandelt. Zunehmend spielen in der Diagnostik und Therapie neue Techniken und Vorgehensweisen eine Rolle. Entsprechend änderte sich auch die Position des Arztes. Bis zu diesem Zeitpunkt war die persönliche Beziehung zwischen Arzt und Patient Grundlage der Behandlung. Seit dieser Zeit kam es zu einer zunehmenden „Entpersönlichung" dieser Beziehung: Meist hat der Patient mehrere Ärzte, häufig sind mehrere Kliniken beteiligt, die diagnostischen Maßnahmen und therapeutischen Entscheidungen erfolgen nicht mehr aus einer Hand. Ganz wesentlich tragen Zeitdruck und Kommerzialisierung zu dieser Entwicklung im „Medizinbetrieb" bei.

Ist der gute Arzt also entbehrlich? Die Antwort ist einfach. Nicht wir, nicht die Gesellschaft, der einzelne Patient trifft die Entscheidung. Er sucht nach dem persönlichen Arzt als integrierenden Ansprechpartner, vor allem bei chronischen und schwerwiegenden Krankheitszuständen, aber auch bei subjektiv empfundener Not. Er benötigt den persönlichen Arzt, um seine Fragen zu beantworten, Widersprüche zu erklären, um Trost von ihm zu erhalten. Aber auch, um seiner Krankheit einen Sinn zu geben. Dies alles kann ein auch noch so gut organisiertes Ärzteteam nicht leisten, auch keine Gesundheitsorganisation, Krankenkasse oder ein professioneller Helfer.

Die Rückbesinnung auf den guten Arzt bedeutet keinesfalls einen Rückschritt zum „Medizinmann des Mittelalters". Auch auf der Grundlage naturwissenschaftlicher Erkenntnisse, moderner Medizintechnik und aktueller therapeutischer Verfahren kann man für den einzelnen Patienten ein guter Arzt sein.

Ein Wort des Dankes

… geht an meine ärztlichen Vorbilder, die mich gelehrt haben, was ein guter Arzt ist. Ihre ärztlichen Handlungsweisen und ihre Persönlichkeiten haben mich geprägt.

Dankbarkeit empfinde ich auch gegenüber meinen Kollegen und Schülern, die versucht haben, das Ideal des guten Arztes im klinischen Alltag zu verwirklichen.

Ganz besonderen Dank schulde ich jenen, die mir bei der Abfassung des Manuskriptes mit Kritik und Verbesserungsvorschlägen geholfen haben: zuerst meiner Schwester Petra Frick, die das Manuskript Satz für Satz gelesen und durchgearbeitet hat. Ihre konstruktiven Vorschläge haben wesentlich dazu beigetragen, den Inhalt verständlicher und den Text lesbarer zu machen.

Meine langjährige Sekretärin Frau Annelie Bachmann hat die zahlreichen Neufassungen mit stoischer Geduld zu Papier gebracht.

Für den letzten Schliff des Textes haben zwei „Profis" gesorgt: Herr Joachim Mohr, ein arzterfahrener Patient und Medizinjournalist, sowie Herr Volker Drüke als autorenerfahrener Lektor. Sie haben mit ihrer fachlichen Expertise die verbliebenen Schwachstellen des Textes ausgemerzt. Dieses Buch wäre nicht ohne die verlegerische Unterstützung von Herrn Wulf Bertram entstanden.

Inhalt

1 Weshalb dieses Buch?

»Die Menschen wollen mehr Arzt und nicht mehr Medizin.«
Ellis Huber

Viele Patienten fühlen sich durch ihren Arzt nicht gut betreut – weder durch den niedergelassenen Facharzt noch durch den Arzt im Krankenhaus. Allein die Betreuung durch den Hausarzt wird von den meisten Patienten weniger kritisch gesehen. Diese Kritik an der ärztlichen Versorgung ist umso erstaunlicher, als die Erfolge der modernen Medizin für jeden offensichtlich sind. Immer mehr Menschen haben Zugang zu hochtechnisierter Medizin, leben länger als in früheren Zeiten, vielen geht es gesundheitlich besser, und die meisten sind bis ins hohe Alter leistungsfähiger. Warum sind Patienten mit der ärztlichen Betreuung dennoch unzufrieden?

»Was mir fehlt, ist das vertrauensvolle Gespräch mit meinem Arzt, dass er mir zuhört, dass er sich Zeit nimmt, dass er mir in Ruhe meine Krankheit erklärt und dass er begründet, welche Therapie für mich die beste ist.«

Patienten merken, dass sie nicht im Mittelpunkt des ärztlichen Interesses stehen. Sie leiden darunter, dass sich ihr Arzt nur für bestimmte Organe und nicht für den ganzen Menschen interessiert. Patienten spüren, dass in Klinik und Praxis technische und apparative Leistungen von viel größerem Interesse sind als ihr persönliches Schicksal. Ihnen wird klar, wie sehr finanzielle Aspekte den Ablauf von Diagnostik und Therapie bestimmen.

Ein weiterer, wenig beachteter Aspekt: Die Ärzte selbst sehen nicht, wie wenig befriedigend ihre Betreuung aus Patientensicht ist. Klagende und unzufriedene Patienten werden von ihnen als Einzelfall abgetan oder als Querulanten etikettiert.

In meinem Buch geht es nicht darum,

- Neuigkeiten zu enthüllen, die noch nie gedacht, gesagt oder geschrieben wurden,
- die derzeitige ärztliche Versorgung an den Pranger zu stellen,
- Patentrezepte auszustellen, mit denen sich die Defizite kurieren lassen.

Dieses Buch beabsichtigt vielmehr,

- Ursachen für die Unzufriedenheit vieler Patienten mit der derzeitigen ärztlichen Versorgung aufzuzeigen und
- Veränderungen vorzuschlagen, um die Versorgung zu verbessern.

Das Buch wendet sich an alle in der Versorgung der Patienten tätigen Berufsgruppen, insbesondere an Medizinstudenten und junge Ärzte in der Ausbildung und an die pflegenden Berufe, die mit der Betreuung Kranker befasst sind. Gerade sie spüren häufig als erste Missbehagen und Unzufriedenheit der Patienten mit der heute üblichen ärztlichen Vorgehensweise. Aus meiner Erfahrung im Klinikbetrieb und Praxis kann ich bestätigen, dass diese Unzufriedenheit der Patienten in den letzten Jahren deutlich zugenommen hat.

2 Der ärztliche Beruf

> *»The practice of medicine is an art, not a trade;*
> *a calling, not a business; a calling in which your*
> *heart will be exercised equally with your head.«*
>
> *William Osler*

Im Folgenden werde ich nach einer Einführung in das ärztliche Berufsbild Beispiele für ärztliche Vorbilder nennen (Kapitel 3). Was den guten Arzt ausmacht (Kapitel 4) und wie sich dies im Alltag niederschlagen sollte (Kapitel 5), will ich anschließend darstellen. Um das noch eingehender zu verdeutlichen, werde ich zeigen, wie sich ein guter Arzt nicht verhalten sollte (Kapitel 6) und wie er in Grenzsituationen bestehen kann (Kapitel 7). Am Ende bleibt die wichtige Frage nach der Erlernbarkeit der ärztlichen Kunst (Kapitel 8).

Was unterscheidet diesen Beruf von allen anderen?

Wenn sich ein ernsthaft erkrankter Patient einem Arzt anvertraut, überträgt er ihm – zumindest potenziell – die Verantwortung für Leib und Leben. Ohne es auszusprechen, legt der Patient sein Schicksal in die Hand des Arztes. Eine derart individualisierte Hilfsverpflichtung gibt es in keinem anderen Berufsumfeld. Diese Verpflichtung endet für den guten Arzt nicht mit der üblichen Arbeitszeit. Ärzte werden dementsprechend auch für gesundheitliche Probleme im Leben des Patienten verantwortlich gemacht, die zu jeder Tages- und Nachtzeit geschehen können. Aus dieser Verpflichtung resultiert auch das Gefühl des guten Arztes, irgendwie immer im Dienst zu sein und vom Patienten gebraucht zu werden. Die Ambivalenz dieses Gefühls ist evident. Wie befriedigend, gebraucht zu werden, aber auch wie belastend, »rund um die Uhr« in der Pflicht zu sein.

Was hat der Arztberuf mit anderen Berufen gemein?

Wie viele andere Berufe basiert der Arztberuf auf Wissenschaft, ist aber in der praktischen Ausübung weniger Wissenschaft als Kunstfertigkeit auf wissenschaftlicher Grundlage. Hans Jonas drückt das so aus: »Die Medizin ist eine Wissenschaft, der ärztliche Beruf eine darauf gegründete Kunst.«

In diesen Kernaussagen stimmen zahlreiche Philosophen überein. Stellvertretend nenne ich Karl Jaspers:

> *»Das ärztliche Handeln steht auf zwei Säulen: Einerseits der naturwissenschaftlichen Erkenntnis und dem technischen Können, andererseits auf dem Ethos der Humanität. Der Arzt vergisst nie die Würde des selbstentscheidenden Kranken und den unersetzlichen Wert jedes einzelnen Menschen. Die Wissenschaft wird weitergegeben durch die Lehre (…). Die ärztliche Humanität dagegen wird überliefert durch die ärztliche Persönlichkeit, unmerklich in jedem Augenblick durch die Weise des Handelns, des Sprechens, durch den Geist einer Klinik, durch diese still und unausgesprochene gegenwärtige Atmosphäre des ärztlich Gehörigen (…).*
> *Die Humanität ist nicht zu planen. Sie entfaltet sich ohne grundsätzlichen Fortschritt in jedem Arzt, in jeder Klinik durch die Wirklichkeit des ärztlichen Menschen selber.«*
>
> *Karl Jaspers 1967*

Ärztliche Tätigkeit erschöpft sich allerdings auch nicht darin, eine Kunstfertigkeit oder ein Handwerk zu sein. Während ein Handwerk nach bestimmten Regeln und Vorschriften durchgeführt wird, bedarf es zur ärztlichen Kunst zusätzlicher Fertigkeiten: Einfallsreichtum, kritische Analyse von Fakten und Untersuchungsergebnissen, Kombinationsvermögen und die Fähigkeit zu bewerten und Schlussfolgerungen zu ziehen.

Aus Sicht seiner Patienten hat der gute Arzt Fähigkeiten, die nicht jeder Absolvent des Medizinischen Staatsexamens (Mediziner) besitzt. Auch dann nicht, wenn er über noch so umfangreiche naturwissenschaftliche Kenntnisse und noch so perfekte handwerkliche Fähigkeiten verfügt. Der gute Arzt ist in den Augen seiner Patienten in der Lage, mit denselben Untersuchungsergebnissen und Laborwerten die richtigen Schlussfolgerungen zu ziehen, wozu andere Mediziner nicht in der Lage sind.

Der Begriff Kunst im Zusammenhang mit ärztlicher Tätigkeit mag vielen als nicht mehr zeitgemäß vorkommen. Diesem Missverständnis liegt ein spezifischer – ästhetischer – Kunstbegriff zugrunde. Mit ärztlicher Kunst meine ich den sachgerechten, einfallsreichen und sich nach festen Prinzipien richtenden Umgang mit dem Patienten. In diesem Sinne spricht auch Bernhard Lown im Titel seines Buchs »Die verlorene Kunst des Heilens« (2002) von der vergessenen Kunst des Heilens, einer Kunst, die man lernen, die aber auch in Vergessenheit geraten kann. Sie unterscheidet sich von der Kunst der Dichter, Maler und Komponisten, die ja nur sehr begrenzt erlernbar ist.

Wenn also die ärztliche Tätigkeit so unterschiedliche Begabungen erfordert, wie kann man sie erlernen? Naturwissenschaft und Handwerk sind lehr und lernbar. Viel schwieriger ist es, die Fähigkeiten zu erlernen, die den Unterschied zwischen Arzt und Mediziner ausmachen. Einen Aspekt der Kunst des Arztes kann man mit psychologischem Feingefühl gleichsetzen. Die Kunst besteht auch in der richtigen Geste und im richtigen Auftreten gegenüber dem Patienten, in der Art, wie der Arzt auf den Patienten zugeht, ohne dass sich dieser in die Enge gedrängt oder überrumpelt fühlt. Andererseits braucht der Patient in der Regel das Gefühl, durch den Arzt geführt zu werden. Auch hier muss der Arzt intuitiv erfassen – ohne Fragebogen und ohne die Hilfe eines Psychologen –, wo die Toleranzgrenze des einzelnen Patienten liegt. Die Unterschiede zwischen Patienten sind enorm.

An Kunst grenzt auch die Überzeugungskraft, die bei manchem Patienten notwendig ist, ihn in die gewünschte Richtung zu lenken. Entscheidend aber ist die Fähigkeit des Arztes, die Ergebnisse der Diagnostik und die daraus folgenden therapeutischen Konsequenzen seinem Gegenüber plausibel zu machen.

Neben dieser psychologischen Kunstfertigkeit spielt die gedankliche Kombinationskunst eine wesentliche Rolle, die dem Arzt das Vorgehen erleichtert und dem Patienten unnötige Diagnostik erspart. Wie rasch erfasst der Arzt aufgrund der Beschwerden des Patienten und der objektiven Daten, wo das Problem eines Patienten liegt? Wie gut gelingt ihm eine zielgerichtete und sparsame Diagnostik? Wie häufig greift er zu einer weit ausladenden »Schrotschussdiagnostik«?

Viele der genannten Fähigkeiten kann man erlernen – weniger gut theoretisch als vielmehr praktisch, im Umgang mit den Patienten. Eine wichtige Rolle spielt dabei die direkte Unterweisung am Krankenbett durch erfahrene klinische Lehrer. Ebenso wichtig ist die bewusste und selbstkritische Analyse der eigenen Wirkung auf den Patienten. Die ärztliche Kunst besteht darin, mit möglichst jedem Patienten umgehen zu können und nicht nur mit denen, zu denen man ohnehin einen guten Zugang findet. Um zu lernen, benötigt man Vorbilder!

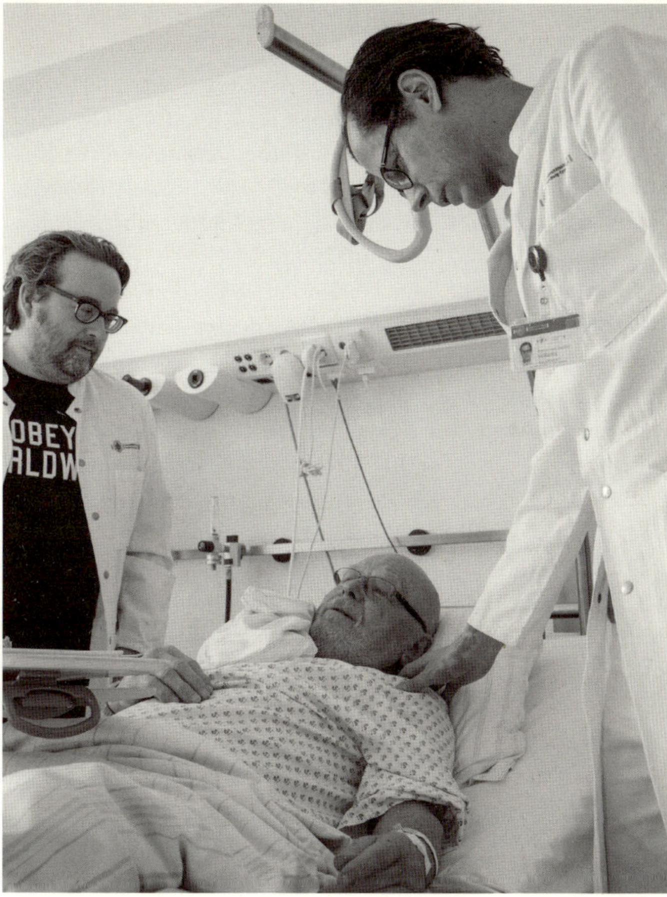
OBEY
RLDW

3 Ärztliche Vorbilder

»The higher education so much needed today is not given in the school, is not to be bought in the market place, but it has to be wrought out in each one of us for himself; it is the silent influence of character on character.«

William Osler

Der Arzt nahm – ähnlich wie der Priester – über Jahrhunderte eine letztinstanzliche Stellung ein. Er war Weichensteller für Heil oder Verderben seines Patienten. Dennoch war die Stellung des Arztes in der Gesellschaft nie ohne Widerspruch oder Kritik. Die Reaktion eines Skeptikers gegenüber dieser Position des Arztes wurde zum Sprichwort: »Ärzte und Priester verderben die Menschheit« (Machiavelli). Er spielt dabei auf Willkür und Allmacht beider Berufsstände an. Auch der moderne Mensch hat Schwierigkeiten, sich mit dieser Position des allmächtigen Arztes einverstanden zu erklären. Über Jahrhunderte hinweg wurden Ärzte skeptisch gesehen, wie die Karikaturen von Ärzten zeigen. War man selbst von einer schwerwiegenden Krankheit betroffen, flößt ein solches Arztbild nicht gerade das Gefühl von Vertrauen und Hoffnung ein. Solange man aber gesund war, konnte man sich leicht über Karikaturen und Marotten von Ärzten amüsieren.

Gesucht wurde zu allen Zeiten der unbestechliche und zuverlässige Arzt, der nicht auf eigene materielle Vorteile bedacht ist, sondern das Wohlergehen seines Patienten im Blick hat. Da sich die gesellschaftliche Position des Arztes im Laufe der letzten Jahrhunderte immer wieder verändert hat, sind derart idealtypische Arztfiguren immer seltener geworden: Der Arzt als der persönlich für die Gesundheit seines Patienten Verantwortliche, der Arzt als Vertrauter der Familie, der Arzt als Helfer an den Bruchstellen des Lebens: Geburt, schwere Krankheit und Tod. Dieses ganzheitliche Moment ärztlicher Tätigkeit wurde im 19. Jahrhundert zurückgedrängt. Die bahnbrechenden medizinischen Entdeckungen schienen die ärztliche Tätigkeit allein auf dem Boden der Naturwissenschaften möglich zu machen. Wenn man allerdings genauer hinsieht, erwies sich dies von Anbeginn als Illusion. Was blieb, war eine unzweideutige Erkenntnis: Wir brauchen Ärzte, die ihren Patienten nicht nur naturwissenschaftlich, sondern auch ärztlich – im Sinne eines guten Arztes – gerecht werden.

Heute, in Zeiten einer rasanten medizinischen Entwicklung, befindet sich der persönlich für den ganzen Patienten verantwortliche Arzt auf dem Rückzug. Er wird ersetzt durch den Spezialisten, der je nach Erkrankungsschwerpunkt für einen bestimmten Zeitraum Ansprechpartner des Patienten ist. Durch diese dramatische Systemveränderung ist Einiges gewonnen worden, aber auch vieles verloren gegangen. Der ganzheitlich für den Patienten verantwortliche Arzt scheint verschwunden zu sein. Wie kann man den Verlust verhindern? Kann man die vom Aussterben bedrohte Kunst des Arztseins retten bzw. für den Patienten erhalten? Wie kann man gleichzeitig Spezialist und für den ganzen Patienten verantwortlicher Arzt sein?

Ein Blick in die Medizingeschichte zeigt, dass sich naturwissenschaftliche Medizin und ärztliche Kunst keineswegs ausschließen. Aus den nachfolgenden Beispielen wird deutlich, wie aus Naturwissenschaftlern große Arztpersönlichkeiten wurden und wie sie naturwissenschaftlich fundierte Medizin als »Patientenärzte« praktiziert haben.

Im Folgenden möchte ich Eigenschaften und Verhaltensweisen vorbildlicher Ärzte anhand von Beispielen verdeutlichen. Ein solches Auswahlverfahren ist immer subjektiv und beruht auf persönlicher Wertung. Die Kriterien für das, was vorbildliche ärztliche Verhaltensweisen sind, werden in den nachfolgenden Kapiteln besprochen. Ich habe Biografien und Dokumente von Ärzten durchgesehen und sie danach bewertet, ob diese über die ärztliche Tätigkeit informieren und wie sie die ärztlichen Eigenschaften charakterisieren.

Unter den vielen ärztlichen Vorbildern habe ich Herman Boerhaave, William Osler, Friedrich von Müller und Ferdinand Hoff ausgewählt. Anschließend berichte ich über meine eigene Erfahrung mit ärztlichen Vorbildern. Wohlgemerkt, es geht bei dieser Ausahl nicht um die bedeutendsten Wissenschaftler oder besonders gute akademische Lehrer, sondern um gute Ärzte. Dies erklärt, warum viele der brillantesten Mediziner nicht berücksichtigt wurden, etwa Rudolf Virchow, Robert Koch, Louis Pasteur, Claude Bernard, Carl Ludwig, Edmund Du Bois-Reymond und viele andere. Deren Leistungen liegen mehr auf wissenschaftlichem als auf klinischem Gebiet.

Die Qualität des klinisch tätigen Arztes wird am zuverlässigsten von Patienten, Kollegen und Mitarbeitern beurteilt und ist daher schwer messbar. Weniger aussagekräftig war die Quellensituation bei Albrecht von Haller, Ernst von Leyden, Bernhard Naunyn, Theodor Frerichs, Hugo Wilhelm von Ziemssen, Bernhard von Langenbeck und vielen anderen, die für eine solche Darstellung als ärztliche Vorbilder durchaus infrage gekommen wären. Wie Sie im Folgenden sehen werden, hatte ich gute Gründe, diese vier Ärzte auszuwählen.

3.1 Herman Boerhaave (1668–1738)

Zwischen 1650 und 1750 hat die Medizin in Mitteleuropa eine enorme Wandlung durchgemacht. Sie hat zwar nicht alle mittelalterlichen Vorstellungen einer glaubens- und vitalismusgeprägten Fachkunde abgelegt, aber doch neue naturwissenschaftliche Vorstellungen in das medizinische Gedankengebäude aufgenommen. Einer, der wesentlich für diesen Umbruch und diese Entwicklung mitverantwortlich war, ist Herman Boerhaave. Arzt zu werden war ihm nicht in die Wiege gelegt. Es war vielmehr Höhepunkt und Erfüllung seines Lebens. Voran ging ein langer Weg von der Philosophie über Botanik und Chemie.

Herman Boerhaave stammt aus der nahen Umgebung von Leiden, genießt bei seinem Vater, einem calvinistischen Pfarrer, und in der Schule eine hervorragende, vor allem philologische Ausbildung. Er spricht schon mit 12 Jahren, wenn man den Annalen glauben darf, neben seiner Muttersprache Lateinisch, Griechisch, Hebräisch, Arabisch, Englisch und Deutsch. Wie sein erster Biograph Samuel Johnson berichtet, leidet er als Schüler und Student mehrere Jahre unter einem schmerzhaften, nicht abheilenden Ulkus am linken Oberschenkel. Ob dieses durch sekundärinfizierte multiple Wespenstiche, durch Hauttuberkulose oder durch eine Pilzinfektion entstanden war, ist unklar. Alle Therapieanstrengungen der Ärzte sind vergeblich. Diese Erfahrungen mit seiner eigenen Krankheit, verbunden mit der Hilflosigkeit der Ärzte, wirken sich prägend auf seine spätere Hinwendung zum Arztberuf aus. Er erfährt am eigenen Leib, wie ausgeliefert sich der Kranke gegenüber seinem Arzt fühlt und wie sehr er von dessen Zuwendung abhängig ist. Doch der Weg zur eigenen ärztlichen Tätigkeit ist hürdenreich.

Auf Wunsch seines Vaters, der wie die Mutter noch während seiner Jugendzeit stirbt, studiert Herman zunächst Theologie und Philosophie. Beide Fächer schließt er mit einem Doktorgrad ab. In Philosophie promoviert er 1690 mit einer Arbeit zum Thema »On the distinction between mind and body«. Daran anschließend nimmt er das Studium der Medizin, Botanik und Chemie auf. Er liest die Werke von Hippokrates, Vesal und Sydenham, besucht aber, soweit man weiß, keine medizinischen Vorlesungen. Als Arzt ist er mit seinem Studium der Bücher Autodidakt. Mit dem medizinischen Examen (1693) promoviert er über eine spezifische medizinische Thematik: »Usefulness of examining the patient excrements for diagnostical purpose«.

Nach seinem Examen ist er zunächst als praktischer Arzt niedergelassen und genießt nach kurzer Zeit einen derartig phänomenalen Ruf, dass die Leidener Fakultät sich entschließt, ihn auf den nächsten frei werdenden Lehrstuhl zu berufen. Klinische Lehrstühle sind nicht verfügbar, daher muss er mit dem Lehrstuhl für Botanik vorliebnehmen.

Er hat zwar Botanik studiert, verfügt aber bislang über keine größeren praktischen Erfahrungen in diesem Fach. Er zieht die Konsequenz und beschäftigt sich eingehend mit diesem Fachgebiet. Im Sommersemester liest er Botanik und baut für den Anschauungsunterricht seiner Studenten einen bis heute existierenden botanischen Garten aus und legt eine umfassendes Pflanzenverzeichnis an. Im Wintersemester liest er Chemie und hält ganzjährig neben seiner praktischen Tätigkeit als Arzt klinische Kurse für Medizin-Studenten. Im Laufe der Jahre wächst die Anzahl von Patienten, die unbedingt von ihm diagnostiziert und behandelt werden wollen, in ungewöhnlichem Maße.

Wie lässt sich sein Erfolg als Arzt erklären?
Nach allem, was die Quellen sagen: Ausschlaggebend ist seine Persönlichkeit. Sie findet in zahllosen Beschreibungen und Anekdoten von Kollegen, Mitarbeitern, Schülern und Freunden ihren Ausdruck. Und dennoch bleibt seine Persönlichkeit ein Mysterium, so empfanden es zumindest seine Zeitgenossen. Wollte Boerhaave dieses Geheimnis – bewusst oder unbewusst – nicht preisgeben? War es ihm unangenehm, die Lobeshymnen seiner Bewunderer zu hören?

Gibt es Leitmotive in seinem Wirken?
Ja, wie ich meine: Ein Hinweis ist das, was er selbst auf seinem Totenbett aussprach: »Ich betrachte mich und mein Leben als nicht signifikant.« Dieses Gefühl der Insignifikanz, der Bedeutungslosigkeit eines jeden Menschen angesichts des Weltalls, ist Ausdruck seiner Selbsteinschätzung, ist Leitmotiv seines Lebens. Bei allem, was er geleistet hat, wie erfolgreich er auch war, wie groß der Zulauf von Patienten wurde – er war von der Relativität seines Erfolgs und seiner Leistung überzeugt. In heutiger Sprache: Er hob nicht ab, er blieb immer auf dem Teppich.

Gab es weitere Persönlichkeitsmerkmale, die seinen Erfolg erklären können?
Der Lebenslauf zeigt seine überragenden intellektuellen Fähigkeiten. Beherrschung vieler Sprachen und erfolgreiches geisteswissenschaftliches und naturwissenschaftliches Studium. Für seine intellektuellen Fähigkeiten spricht, wie rasch er sich in ihm kaum bekannte Fachgebiete, wie Botanik und Chemie, eingearbeitet hat und wie rasch er diese als akademischer Lehrer vertreten konnte. Ein weiteres typisches Persönlichkeitsmerkmal ist die Intensität und Konsequenz, mit der er die Dinge verfolgte und zu Ende

brachte, die er als wichtig erkannt hatte. Wie sämtliche Quellen übereinstimmend überliefern, arbeitete er rastlos von morgens bis abends. Wir würden heute sagen: »Er war ein Workaholic.«

Zwei weitere Merkmale runden das Bild seiner Persönlichkeit ab: Sein Sendungsbewusstsein gegenüber seinen Schülern und Mitarbeitern und sein Vermögen, Kritik seiner Kollegen zu ertragen, ohne zu widersprechen. Gerade diese Fähigkeiten sind bei arrivierten Ärzten weder selbstverständlich noch häufig. Er ist offensichtlich eine derart in sich gefestigte Persönlichkeit, dass er solche Kritik ertrug, ohne mit gleicher Münze zurückzuzahlen.

Aus meiner Sicht ist das Fundament seiner Persönlichkeit seine philosophische Vorbildung (z. B. die Auseinandersetzung mit dem Pantheisten Spinoza und dem Rationalisten Descartes) und nicht zuletzt sein tief verwurzelter Glauben an einen – nicht unbedingt religiös definierten – Gott. Seine Sicht der Welt basierte auf einer intensiven Beschäftigung mit dem Begründer des Pantheismus Baruch de Spinoza (1632–1677) und dem Rationalisten René Descartes (1596–1650). Er teilte die Kritik Spinozas an der Bibel als einem aus ihrer Entstehungsgeschichte verständlichen Werk ohne allgemeingültige Bedeutung. Er folgte der Idee Spinozas, dass Gott in allen Lebewesen – aber auch allen Dingen – präsent sei und der Mensch Teil dieses Universums sei. Diese Einstellung erklärt die Einschätzung seiner eigenen Bedeutung als »insignifikant« (bedeutungslos). Ein offenes Bekenntnis zur Lehre Spinozas vermied er, da es zur damaligen Zeit einer Gotteslästerung gleichgekommen wäre.

Leitmotiv und Grundbekenntnis der Lehre von René Descartes ist – wie bekannt – der Satz »cogito, ergo sum«. Ich denke, daher bin ich. Dieses Bekenntnis zum Denken als Bestimmung des Menschen, auch des Mediziners, wurde zum Dreh- und Angelpunkt der ärztlichen Tätigkeit von Herman Boerhaave. Allerdings weist er immer wieder darauf hin, dass Denken allein nicht Grundlage der ärztlichen Tätigkeit sein könne, sondern Empirie (Erfahrung) die zweite Säule darstelle.

Boerhaaves Erfolg als klinischer Mediziner basiert im Wesentlichen – und hier stimmen alle Dokumente überein – auf seiner Persönlichkeit.

Wo liegen seine Schwerpunkte als Kliniker?

Ganz zweifellos im Unterricht am Krankenbett und in seiner persönlichen Beziehung zum Patienten. Unterricht am Krankenbett wurde bereits in der Antike praktiziert. Umso erstaunlicher ist es, dass im gesamten Mittelalter (etwa zwischen 500 und 1500 n. Chr.) die Medizin ganz überwiegend im Hörsaal und theoretisch gelehrt wurde.

Zu den Universitäten, die in der beginnenden Neuzeit die Praxis der persönlichen Untersuchung des Kranken und die Beobachtung am Krankenbett lehrten, gehört neben Padua und Utrecht auch Leiden. Allerdings kommt Boerhaave selbst während seiner medizinischen Ausbildungszeit nicht in den Genuss eines Unterrichts am Krankenbett. Universität und Krankenhaus waren zu dieser Zeit räumlich und geistig weit voneinander entfernt. Boerhaave nimmt es auf sich, diese Distanz zu überwinden: Er unterrichtet an zwei Tagen der Woche seine Studenten am Krankenbett, am weit von der Universität entfernten Sankt Sicilia Spital. Dabei geht er mit seinen Studenten von Bett zu Bett, untersucht jeden einzelnen Patienten persönlich und demonstriert am Patienten das typische der jeweiligen Krankheit.

Nicht selten werden Patienten wiederholt vorgestellt, um den typischen Verlauf einer Krankheit oder den Erfolg bzw. Misserfolg einer Therapie deutlich zu machen. Der

Inhalt seiner klinischen Vorlesungen, aber auch der seiner Fallvorstellungen am Krankenbett, wird durch seine Studenten und Schüler schriftlich festgehalten. Daraus entstehen seine wichtigsten Publikationen: *Institutiones* (1708) und *Aphorismos* (1709), die ursprünglich als Manuale zu seiner Vorlesung und zu seinem Unterricht am Krankenbett gedacht waren.

Äußerlich wird ihm Ähnlichkeit mit Sokrates nachgesagt: großer Kopf und ein Gesicht, das Friedfertigkeit und Heiterkeit ausstrahlt. Sokratisch ist auch sein Umgang mit seinen Schülern: Er legt ihnen durch geschicktes Fragen die zutreffenden Antworten geradezu in den Mund.

Während seiner 37-jährigen Tätigkeit als klinischer Lehrer bildet er Generationen von Studenten und ärztlichen Mitarbeitern aus, zusätzlich etliche Ärzte, die seinetwegen nach Leiden kommen. Die Mehrzahl seiner Studenten und Mitarbeiter stammt aus englisch- oder deutschsprachigen Ländern, aber auch aus Skandinavien, Russland, der Türkei und dem Fernen Osten. Viele dieser Schüler werden später selbst berühmte Ärzte und sorgen so für die weltweite Bekanntheit ihres Lehrers. »Communis Europae Praeceptor« wird er von seinem prominenten Schüler Albrecht von Haller, Medizinischer Lehrstuhlinhaber in Göttingen, tituliert. Diese Bezeichnung macht die damals weltweite Bedeutung von Herman Boerhaave als ärztliche Autorität deutlich.

Weshalb strömen Ärzte aus aller Welt zu Boerhaave nach Leiden? Nicht wegen seiner spektakulären wissenschaftlichen Erfolge, sondern um von ihm als praktizierenden Arzt zu lernen. Er muss – nach allem, was wir wissen – für seine Patienten geradezu »ein Gott« gewesen sein, als Diagnostiker, als Psychologe und als Therapeut. An ihm haben sich seine Schüler orientiert.

Was ist das typische im Verhältnis Boerhaaves zu seinen Patienten?
Er beginnt als Hausarzt, als Arzt der Familie, und macht, obwohl schon Professor, Hausbesuche. Erst als er im Jahr 1723 an Gicht erkrankt, beschränkt er sich auf Konsultationen in seiner Praxis oder auf schriftlichem Wege. Zunehmend wird er Ratgeber und Arzt für Wohlhabende und Prominente aus dem In- und Ausland.

Nur ungern verlässt er Leiden oder dessen nähere Umgebung. Selbst wenn Könige ihn zur Konsultation – z.B. nach Berlin – bitten, empfiehlt er statt seiner fähige Kollegen, häufig seine Schüler. Um ihn zu konsultieren, müssen Adlige und Reiche nach Leiden kommen. »Kein Kranker von hohem Stande, der nicht seinen Rat gesucht hätte«, schreibt Albrecht von Haller. Nach allem, was wir über Boerhaave wissen, ist die Prominentensprechstunde aber immer nur ein Teil seiner Tätigkeit – vielleicht nach außen hin spektakulär –, genauso ist er für die »normale« Bevölkerung da, für den Unterricht am Krankenbett und für Vorlesungen.

Bemerkenswert ist seine Funktion als mündlicher oder schriftlicher Berater anderer Ärzte und Patienten. Diese Tätigkeit, häufig im Sinne einer »second opinion«, ist in zahlreichen Dokumenten überliefert. Seine Meinung ist meist kurz und prägnant formuliert, die Ratschläge zur Therapie sind konkret und praktikabel. So antwortet einer, auf dessen Meinung man vertrauen kann, der viel Erfahrung hat und dem an erster Stelle das Wohl der Patienten am Herzen liegt.

Fragt man heutzutage einen Mediziner, wer denn Herman Boerhaave gewesen sei, erhält man selten eine substanzielle Antwort. Wenige erinnern sich an das Boerhaave-Syndrom als die seltene, spontane Ösophagusruptur, die er zum ersten Mal beschrieb und die nach ihm benannt wurde.

Wie konnte ein Mann in Vergessenheit geraten, der im 18./19. Jahrhundert die Grundlagen der klinischen Medizin gelegt hat und der damals ein weltberühmter Arzt war? Wie konnte es dazu kommen, dass man diesen Arzt (Communis Europae Praeceptor) für die nachfolgenden zwei Jahrhunderte praktisch vergessen hat? War er zu bescheiden? Hat er zu wenig publiziert? Hat er keine wesentlichen Entdeckungen gemacht? Wir können die richtige Antwort nur vermuten.

Er verdient im Sinne einer Vorbildfunktion hervorgehoben zu werden:

- Kein Zweifel besteht an der Vielseitigkeit seiner Begabungen und Interessen: Sprachen, Theologie, Philosophie, Botanik, Chemie und Medizin. Zuletzt ist er Professor in den letztgenannten drei Fächern.
- Kein Zweifel besteht daran, dass er im Laufe seines Lebens den Schwerpunkt seiner Tätigkeit zunehmend von der Wissenschaft auf die praktische Medizin am Krankenbett verlagert hat. In der Unterweisung von Studenten und Ärzten unterschied er sich von der Mehrzahl der akademischen Lehrer seiner Zeit. Er war einer der ersten, der in dieser Zeit die Lehre am Krankenbett einführte und systematisch in diesen Unterricht Studenten und Ärzte mit einbezog.
- Er hat dabei den schon von Hippokrates praktizierten Unterricht am Krankenbett wieder aufgenommen und – ähnlich wie Thomas Sydenham (1624–1689, auch als »Hippokrates seines Jahrhunderts« bezeichnet) – als Arbeitsmethode verfeinert. Er war der Meinung, dass diese Praxis für alle Beteiligten von Gewinn ist. So für seine Studenten, ärztlichen Schüler und auch für seine Patienten.
- Kein Zweifel besteht daran, dass Herman Boerhaave entscheidend zur Gründung der Institution des akade-

mischen Lehrkrankenhauses bzw. des Universitätskrankenhauses beigetragen hat. Nach dem Leidener Modell wurden in den nachfolgenden Jahren akademische Lehrkrankenhäuser bzw. medizinische Fakultäten in Edinburgh, Göttingen und Wien gegründet.

- Kein Zweifel besteht daran, dass er sich keiner medizinischen Schule verpflichtet fühlte, sondern in Diagnostik und Therapie das aufgriff und praktizierte, was ihm vernünftig schien.
- Kein Zweifel besteht nach den Berichten seiner Schüler und Kollegen daran, dass Herman Boerhaave charakterlich eine Ausnahmegestalt war. Dies als Arzt und als akademischer Lehrer: gütig, hilfsbereit, menschenliebend und anerkannt – selbst von Gegnern und Neidern hörte man nichts anderes.

Nach allem, was man weiß, hat Herman Boerhaave selbst keine großen wissenschaftlichen Entdeckungen gemacht oder bedeutende Bücher geschrieben. Sein Ruf gründet sich vielmehr auf seiner Fähigkeit als Arzt am Krankenbett und als klinischer Lehrer. Ohne es selbst zu beabsichtigen, wurde er schon zu Lebzeiten zum Denkmal. Er war – soweit man weiß – der erste wirklich weltweit bekannte Arzt der anbrechenden Neuzeit.

Naturgemäß neigen wir dazu, solche Persönlichkeiten, die wir wie in diesem Fall zur Demonstration ausgewählt haben, posthum zu glorifizieren. Und dennoch: Herman Boerhaave ist eine Ausnahmeerscheinung unter den Medizinern seiner Zeit. Das Besondere ist die ungewöhnliche Kombination von vielseitiger Begabung, Zuwendungsbereitschaft zum Patienten und unorthodoxer Lehre unmittelbar am Krankenbett. Ausdruck seiner charakterlichen Stärke ist seine Fähigkeit, sich selbst kritisch zu sehen. Aus der

Perspektive des ärztlichen Ideals ist seine Konzentration auf den Patienten am bedeutsamsten. Dabei fußt seine ärztliche Kunst auf seinen naturwissenschaftlichen Kenntnissen und seinem Einfühlungsvermögen in den Patienten.

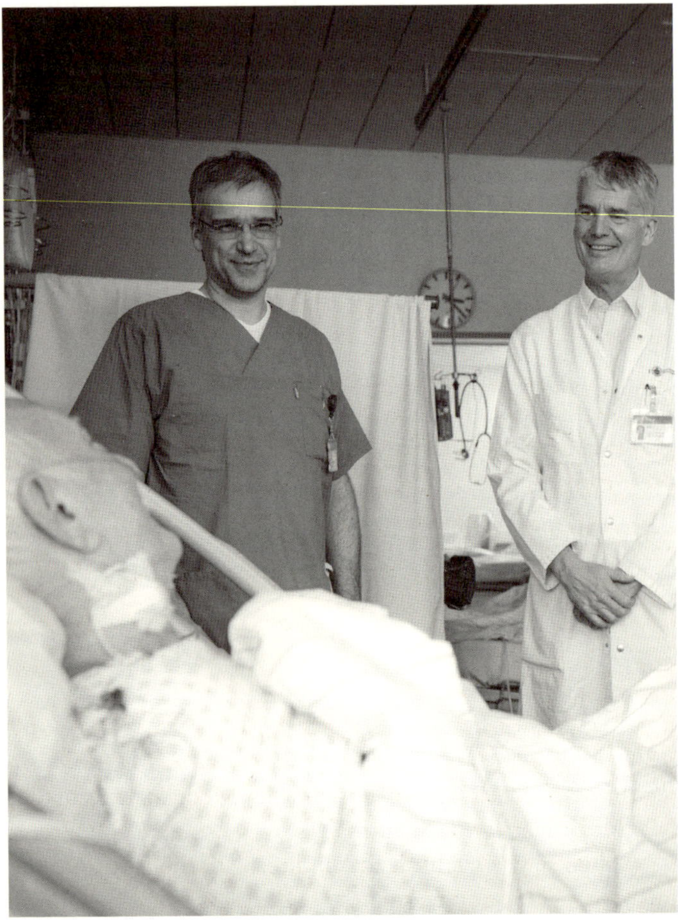

3.2 William Osler (1849–1919)

König Heinrich der VIII. von England hatte 1546 die Professur eines »Regius Professor of Medicine« an der Universität Oxford eingerichtet. In dieser Zeit war Oxford ein weltweit führendes Zentrum in den experimentellen Wissenschaften. Diese Professur sowie die vergleichbare für Physik in Cambridge galten über Jahrhunderte als die renommiertesten Lehrstühle der Welt. Wie konnte es geschehen, dass Anfang des 20. Jahrhunderts ein Kanadier auf den Lehrstuhl eines »Regius Professor of Medicine« nach Oxford berufen wurde? Um dies zu verstehen, muss man sich die Lebensleistung von William Osler vor Augen halten.

Seine Biografie zeigt den Weg eines erfolgreichen Forschers und Arztes, aber auch die Schattenseiten einer solchen Karriere. Sein persönlicher Werdegang ist in vielen Aspekten beispielhaft für einen heranwachsenden Arzt.

William Osler wird 1849 in einem entlegenen Landstrich Ontarios (Kanada) als Sohn eines anglikanischen Geistlichen geboren. Entgegen der Familientradition studiert er nicht Theologie, sondern entscheidet sich für Medizin. Die Motivation für diesen Schritt ist unklar. Aus späteren Äußerungen wird deutlich, dass er sich in der »apostolischen Nachfolge« von Hippokrates, Galen, Paracelsus und Vesalius und – bis in die medizinische Neuzeit – als Nachfahre von Harvey, Sydenham und Morgagni sah. Als Student fällt er durch Zuhören, Beobachten und Lesen auf, weniger durch Reden und Diskutieren. Nach dem Besuch des Trinity-Colleges und des Toronto Medical Colleges erhält er 1872 sein Diplom als Medical Doctor der McGill University in Montreal.

Neben seiner nachfolgenden internistischen Ausbildung gilt sein Hauptinteresse der pathologisch-anatomischen

Untersuchung verstorbener Patienten. Unter Anleitung »seines« Professors Palmer Howard schreibt er seine Doktorarbeit selbstständig und publikationsreif. Es geht um postmortale makroskopische und mikroskopische Untersuchungsergebnisse.

Um seine Ausbildung auf eine breitere Grundlage zu stellen, setzt er diese als Fellow verschiedener Forschungseinrichtungen und Kliniken in Europa fort. Er arbeitet u. a. in London, Berlin und Wien sowie in Leipzig.

In London verbringt er die meiste Zeit im Labor des Physiologen J. B. Sanderson (1828–1905), wo er bei der mikroskopischen Untersuchung von Blutproben auf merkwürdige, farblose, granuläre Massen stößt. Bei diesen handelt es sich – wie er klar erkennt – weder um weiße noch um rote Blutkörperchen. Er hat mit dieser Beobachtung erstmalig die Blutplättchen (Thrombozyten) beschrieben, ohne etwas über deren Funktion aussagen zu können (»An Account of certain Organisms occurring in the Liquor sanguinis«).

In Berlin hat er dann die Gelegenheit, Rudolf Virchow zu hören und auch persönlich zu sprechen. Niemand imponiert ihm so – wie er selbst mehrfach sagte – wie dieser Mann, als Forscher, akademischer Lehrer und als Persönlichkeit. 1874 kehrt er an die McGill University nach Montreal zurück. Neben den persönlichen Erfahrungen, die er machte, hatte er während seines Europa-Aufenthaltes verschiedene Ausbildungs- und Weiterbildungssysteme in der Medizin kennengelernt. Diese Kenntnisse werden Grundlage der von ihm später initiierten Reformen des nordamerikanischen Medizinstudiums und der Weiterbildung in der Inneren Medizin. Schon ein Jahr nach seiner Rückkehr aus Europa wird er in Montreal zum Professor ernannt. Mit gerade 25 Jahren ist er jünger als viele seiner Studenten, die ihn »The Baby Professor« nennen.

Neben seiner Beschäftigung mit der damals tödlichen Windpocken-Erkrankung übernimmt er es, mit seinen Studenten die Obduktionen aller im Krankenhaus Verstorbenen durchzuführen, und zwar nach der bei Virchow erlernten Technik.

Dank seiner vielfachen Aktivitäten und seines großen persönlichen Einsatzes, auch in der Unterweisung der Studenten, wird er im Laufe der kommenden Jahre der populärste Professor der medizinischen Fakultät in Montreal. Sein Engagement und sein Schwung sind ansteckend. Er kennt die Namen seiner Studenten, spricht sie persönlich an und kümmert sich auch um ihre Krankheiten.

Frühzeitig erkennt er, wie nützlich fachliche und persönliche Beziehungen zu Kollegen anderer Universitäten sind. Er besucht Boston und knüpft freundschaftliche Verbindungen zu Kollegen der Harvard University. Regelmäßige Reisen zu Kongressen in Europa helfen, neue Kontakte herzustellen. In all diesen Jahren publiziert er reichlich und auf ganz verschiedenen Gebieten: Infektionskrankheiten, insbesondere Windpocken, bakterielle Endokarditis, Tabes dorsalis, Nephritis in der Schwangerschaft, tuberkulöse Meningitis und zur Histologie verschiedener Tumoren. Hinzu kommen zahlreiche Fallberichte, z. T. mit Erstbeschreibungen von Erkrankungen.

Seine wichtigste Entdeckung, die der Blutplättchen, zeigt aber auch die Problematik seines Forschungsdrangs. Anstatt bei einer Beobachtung in die Tiefe zu gehen, springt er, von pathologisch-anatomischen Beobachtungen oder klinischen Fällen ausgehend, quasi auf das nächste wissenschaftliche Thema. Allerdings sieht sich Osler primär nicht als Forscher, sondern als Kliniker.

Was gibt er seinen Studenten mit auf den Weg?
»Das Geheimnis erfolgreichen Arbeitens liegt in der systematischen Untersuchung zwischen dem, was zu tun, und dem, was zu lassen ist!« Es geht also um die richtige Nutzung der Zeit. Legendär ist sein eigenes Konzept, die Zeit bis ins Letzte zu nutzen. Er liest in allen Lebenslagen, auf Reisen, im Stehen, beim Warten und, wenn möglich, auch noch beim Gehen. Er schreibt in allen Lebenslagen wissenschaftliche Artikel, aber auch – häufig unter einem Pseudonym – Beiträge in der Presse. Schreiben wird ihm neben seiner ärztlichen Tätigkeit zur zweiten Natur.

Sein Ruf als Forscher und akademischer Lehrer geht weit über Kanada hinaus. So erhält er 1884 einen Ruf als Professor für klinische Medizin an die University of Pennsylvania nach Philadelphia. Damals war Philadelphia Amerikas führendes medizinisches Zentrum. Man tat sich schwer, einen nicht in dieser Stadt ausgebildeten Mediziner nach Philadelphia zu berufen. Osler überwindet alle Hürden, übersteht verschiedene Begutachtungen und wird – obwohl noch jung und dazu Ausländer – nach Philadelphia berufen.

Anfangs überwacht er auch hier die Autopsien, später verlagert sich seine Tätigkeit immer mehr in den klinischen Bereich. Am Krankenbett und in der Lehre entwickelt er sein volles Können. Er hat zunehmendes Interesse an neurologischen Erkrankungen und Fragen der Therapie. Er beschreibt den Zusammenhang zwischen Herzgeräuschen, rheumatischer Endokarditis und Chorea-Symptomen bei Kindern. Er denkt intensiv über den Heilungsprozess nach und schreibt:

»Zum Heilen gehören eine profunde Kenntnis der menschlichen Natur und eine sorgfältige Berücksichtigung der individuellen Krankheitsumstände und Lebensbedingungen des Kranken.«

William Osler 1886, zit. nach M. Bliss 2007

Seine Berufung nach Philadelphia verdankte er seinen Fachkenntnissen, seiner charismatischen Persönlichkeit und seinem Interesse am medizinischen Nachwuchs. Er wird als brillanter Lehrer geschildert, der unter den Studenten insbesondere am Krankenbett alle anderen Professoren in den Schatten stellt.

Fünf Jahre später eröffnet die neu gegründete Johns Hopkins University in Baltimore, Maryland. Sein Ruf in Philadelphia (»The best man«) trägt ihm das Angebot ein, die Leitung der Medizinischen Klinik an der neu gegründeten Medical School zu übernehmen. Obwohl er in Philadelphia hoch angesehen ist und es ihm eigentlich an nichts fehlt, nimmt er die Berufung an und scheut sich nicht, schwieriges Neuland zu betreten.

Auch in Baltimore hat er Glück und das richtige Händchen. Mit ihm bilden die renommierten Kollegen Howard H. Kelly (Gynäkologie und Geburtshilfe), William S. Hallstedt (Chirurgie) und William H. Welch (Pathologie) den Kern der Medizinischen Fakultät der Johns Hopkins Medical School. Diese vier sind in dem berühmten Bild von John Singer Sargent festgehalten. Oslers Füllfederhalter ist das Zentrum des Bildes, ich vermute ein Hinweis auf Oslers Publikationsaktivität. Die dargestellten Ärzte sind sich durchaus nicht immer einig, finden jedoch im Interesse der gemeinsamen Sache auch in Streitfragen eine Lösung. Hierzu soll William Osler ganz entscheidend beigetragen haben. Seine Reputation als Kliniker und akademischer Lehrer nimmt in Baltimore weiter zu. Je mehr dies der Fall ist, desto weniger stellt er seine eigene Person in den Vordergrund.

Ein großer Beitrag zur medizinischen Weiterentwicklung in Nordamerika ist die von ihm vorgeschlagene Reform des Medizinstudiums und der ärztlichen Weiterbildung. Ziel ist eine Synthese dessen, was er in Europa in den verschiedenen Ländern gesehen hatte, mit den bisherigen nordamerikanischen Gepflogenheiten. Die studentische Ausbildung soll nicht so sehr im Hörsaal, vielmehr am Krankenbett stattfinden. Hier soll der Student durch Beobachtung, Gespräch und Untersuchung lernen, was ein guter Arzt benötigt. Oslers Handlungsmaxime: »Höre dem Patienten zu, er verrät dir die Diagnose.« Diese Idee, der auch Herman Boerhaave und Thomas Sydenham in Europa zum Durchbruch verholfen hatten, geht letztlich auf Hippokrates zurück. Auch Osler verspricht sich von der Ausbildung in kleinen Gruppen am Krankenbett Motivation für den verantwortlichen Arzt, den Studenten und den Patienten. Diese Ausbildung am Krankenbett ist ihm so wichtig, dass er häufiger mit ironischem Lächeln wie nebenbei sagt: »Ich wünsche keinen anderen Grabspruch als: Er lehrte die Studenten am Krankenbett.«

Eine weitreichende Änderung fordert er auch für die klinische Ausbildung der Ärzte ein: das Residenz-System. Durch diese Residenzpflicht werden Ärzte in der Ausbildung über Jahre integraler Bestandteil des Krankenhauspersonals. Sie sind in dieser Zeit fest an das Krankenhaus gebunden, Freizeit und Urlaub sind beschränkt, der heranwachsende Arzt soll sich überwiegend mit den Patienten beschäftigen.

Weltweite Bekanntheit verdankt Osler seinem Opus maximum »The Principles and Practice of Medicine« (1892). Er hat in diesem Buch, das er allein verfasst hat, die damals wichtigsten Erkrankungen dargestellt. Dank seiner einfachen und verständlichen Sprache findet es bei Medizinstudenten und Ärzten in aller Welt begeisterte Leser. Es wird in viele Sprachen übersetzt, immer wieder in revidierter Fassung aufgelegt und bleibt über Jahrzehnte das Standardwerk der Inneren Medizin.

Im Vorwort seines Buchs zitiert er Hippokrates und Plato. Die Sätze beider Philosophen reflektieren seine Einstellung in vielen medizinischen Fragen. Hippokrates: »Die Beobachtung (ärztliche) ist vieldeutig und häufig irreführend, die Beurteilung schwierig«. Plato: »Ärztlich tätig sein ist eine Kunst, die sich an den individuellen Bedürfnissen des Patienten orientieren muss.« In seinem Buch überblickt Osler noch das gesamte Spektrum der damaligen Inneren Medizin. Wissenschaftlich hat er auf nahezu allen Gebieten der Inneren Medizin gearbeitet. Nach ihm sind Krankheitszeichen und Krankheiten benannt: Noch heute lernt jeder Medizinstudent, was die Osler-Knötchen bei bakterieller Endokarditis sind und um welche Krankheitsbilder es sich bei der hereditären hämorrhagischen Teleangiektasie (Systemerkrankung der Gefäße mit Gefäßanomalien und Blutungsneigung) sowie bei der Polycythaemia vera (Knochenmarkserkrankung mit Vermehrung aller Blutzelllinien) handelt.

Der eigentliche Schwerpunkt Oslers aber liegt in seiner Tätigkeit als Arzt. Er muss – so die übereinstimmenden Berichte seiner Zeitgenossen – eine enorme Überzeugungskraft sowohl gegenüber den Kranken als auch den Studenten ausgestrahlt haben. Patienten und Mitarbeiter fühlen sich zu ihm hingezogen. Er ist der Meister am Krankenbett in Diagnostik und Therapieverordnung. Jeder will bei ihm lernen. Ohne dabei ständig auf die naturwissenschaftlichen Grundlagen seiner Ideen hinzuweisen, betreibt er praktische Medizin. Seinen Patienten gegenüber ist er ein wahrer Humanist. Aber auch ein Mensch mit Humor und Selbstironie, der sich selbst, Kollegen und den Patienten mit ironischer Distanz begegnen kann. Sein Humor und seine Ironie kommen in den unter Pseudonymen publizierten fachlichen und nichtfachlichen Artikeln zum Ausdruck. Dabei nahm er sich, seine Mitmenschen, die medizinische und auch die nichtmedizinische Umwelt auf den Arm.

Osler hat einen so phänomenalen Ruf, dass man schon zu seiner Zeit die Frage stellt, ob er wirklich so gut ist wie sein Ruf. Ist er als Wissenschaftler nicht überwiegend Beobachter und Klassifizierer von Krankheiten? Wie bei allen erfolgreichen Menschen werden ihm von einigen Neidern und Kollegen derartige Dinge nachgesagt. Die Mehrzahl der Kollegen und Patienten haben auf diese Fragen eine eindeutige Antwort. Für die allermeisten von ihnen ist er ein Idol.

Bei aller wissenschaftlichen Aktivität und Lehrtätigkeit, im Zentrum seines Interesses steht der Kranke. Was macht ihn zu einem vorbildlichen Arzt? Seine Maxime ist: »Ich behandele Patienten und nicht Krankheiten.« Im Vordergrund stehen die Befragung und Untersuchung des Patienten. Zunächst der Blick in die Augen, anschließend die minutiöse Inspektion des gesamten Körpers. Der Patient muss das Gefühl haben, er werde äußerlich und inwendig durchschaut. Anschließend folgt die körperliche Untersuchung. Bei der Beurteilung und Therapieempfehlung berücksichtigt er alle erhobenen Befunde, aber auch die Einschätzung des Patienten.

Die Effektivität seiner Tätigkeit für den Patienten schätzt er selbst folgendermaßen ein:

»Bei bestimmten Fällen war ich in der Lage, eine richtige Diagnose zu stellen und daraus eine vernünftige Therapie abzuleiten. Bei einer viel größeren Zahl der Patienten habe ich lediglich einen wichtigen Beitrag zur Prognose und zur Behandlung machen können. In einer dritten Gruppe von Fällen habe ich diagnostisch genauso versagt, wie andere vor mir. Ich habe allerdings in solchen Fällen auch von meinem Nichtwissen gelernt. Bei einer weiteren Gruppe von Patienten bestand das Entscheidende der Konsultation darin, dass ich den Patienten beruhigen und ihm glaubhaft machen konnte, dass keine ernsthafte Erkrankung hinter seinen Beschwerden steckt.«

zit. nach M. Bliss 2007

So groß sein Erfolg beruflich ist, so wenig bleiben ihm Missverständnisse und Tragödien im Privatleben erspart. Ein erstes Kind stirbt kurz nach der Geburt. Sein Sohn Revere fällt 1917 als junger Soldat im Ersten Weltkrieg. Obwohl er sich von diesem Schock niemals ganz erholt, kann er den vormaligen Kriegsgegnern (insbesondere den Deutschen) ohne Hass ins Auge sehen. Ja, er fordert bewusst die Kooperation mit seinen deutschen Kollegen.

Seine skeptische Grundeinstellung wird in einem häufig seltsamen Humor und Sinn für das Makabre deutlich: So denkt er im Verlauf eines Vortrags laut darüber nach, ob man nicht ab einem Alter von etwa 70 Jahren seinem Leben durch eine Chloroformnarkose freiwillig ein Ende setzen sollte. Die Geistes- und Lebenskraft sei zu diesem Zeitpunkt eindeutig auf dem absteigenden Ast. Unklar bleibt für die Zuhörer, ob diese Bemerkung ironisch oder ernst gemeint ist oder ob er aus einem Buch über die Chloroformnarkose zitiert. Diese Vortragsbemerkung erregt großes Aufsehen und gipfelt in der Unterstellung, er wolle alle Menschen ab dem 70. Lebensjahr mittels einer Chloroformnarkose einschläfern. Osler ist viel zu souverän, um sich gegen solche Vorwürfe direkt zu wehren. Er bleibt gelassen und wartet ab. Auch diese Attitüde kann für einen Arzt von Nutzen sein.

Seine übertrieben große Sorge vor dem Alterungsprozess wird auch an anderer Stelle deutlich: »Ich habe zwei fixe Ideen, die meine Freunde kennen, harmlose Obsessionen: Die erste ist die, dass Menschen jenseits des 60. Lebensjahres vergleichsweise nutzlos sind.« An anderer Stelle äußert er: »Bis zum 40. Lebensjahr ist man wissenschaftlich produktiv, zwischen dem 40. und 50. ein guter akademischer Lehrer und zwischen 50 und 60 meist noch ein guter Arzt.«

Aus diesen Äußerungen spricht ein tiefer Pessimismus gegenüber dem normalen Lebensverlauf. Basiert diese Skepsis auch auf seinen pathologisch-anatomischen Beobachtungen, nach denen die Gefäße mit zunehmendem Lebensalter atherosklerotisch ebenso verändert sind, wie das Volumen des Gehirns abnimmt? Wie verträgt sich diese Skepsis mit seiner positiven Einstellung gegenüber den älteren Patienten?

Osler fühlt sich der europäischen Medizin besonders verbunden. Als er 1905 im 56. Lebensjahr den ehrenvollen Ruf als Königlicher Professor der Medizin an die Universität Oxford erhält, zögert er nicht lange und nimmt ihn an. Warum? Er ist in Baltimore hoch angesehen, hat dort den Höhepunkt seiner Karriere erreicht. Was sind die Motive für Osler, diese Berufung anzunehmen?

Beim näheren Hinsehen gibt es durchaus Argumente: Osler ist in Baltimore bis an die Grenzen seiner Leistungsfähigkeit belastet. Er ist kaum noch in der Lage, seinen vielen Verpflichtungen als Arzt – gegenüber einer zunehmenden Anzahl von Patienten – und als akademischer Lehrer

– gegenüber einer zunehmenden Zahl von Studenten und auszubildenden Ärzten – wahrzunehmen. Es ist ihm nicht möglich, die vielen Patienten und Lernenden auf ein vernünftiges Maß zu reduzieren. Überall ist er gefragt, und nur Weniges lehnt er ab. Der Wechsel nach Oxford ist ein bewusster Abbau seiner Verpflichtungen. Er rechnet seiner obigen Theorie entsprechend mit zunehmenden Defiziten seiner Leistungsfähigkeit im höheren Lebensalter. Will er dieser Theorie Rechnung tragen? Will er vorbeugen, um vermutliche Defizite erst gar nicht offenbar werden zu lassen?

Es kommt so, wie erwartet. So wichtig und ehrenvoll seine Professur nach Oxford auch ist, die zeitliche Belastung ist wesentlich geringer als in Baltimore. So hält er einmal wöchentlich eine Privatsprechstunde, einmal wöchentlich kommt er seiner klinischen Arbeit im Hospital nach. Die Lehre am Krankenbett beschränkt er auf wenige Studenten. Die Arbeit in Kommissionen und an Vorträgen mit ihn interessierenden Themen ist überschaubar. So bleibt ihm Zeit, auch seinen neuen Interessen nachzukommen. Schon in Baltimore schreibt er medizinhistorische Essays, sammelt medizinhistorische Literatur und redigiert jede Neuausgabe seines »Opus maximum« selbst. Außerdem findet er Gelegenheit, in die USA zurückzureisen und europäische Länder kennenzulernen. Auch das entspricht seinen Bedürfnissen in dieser Lebensphase.

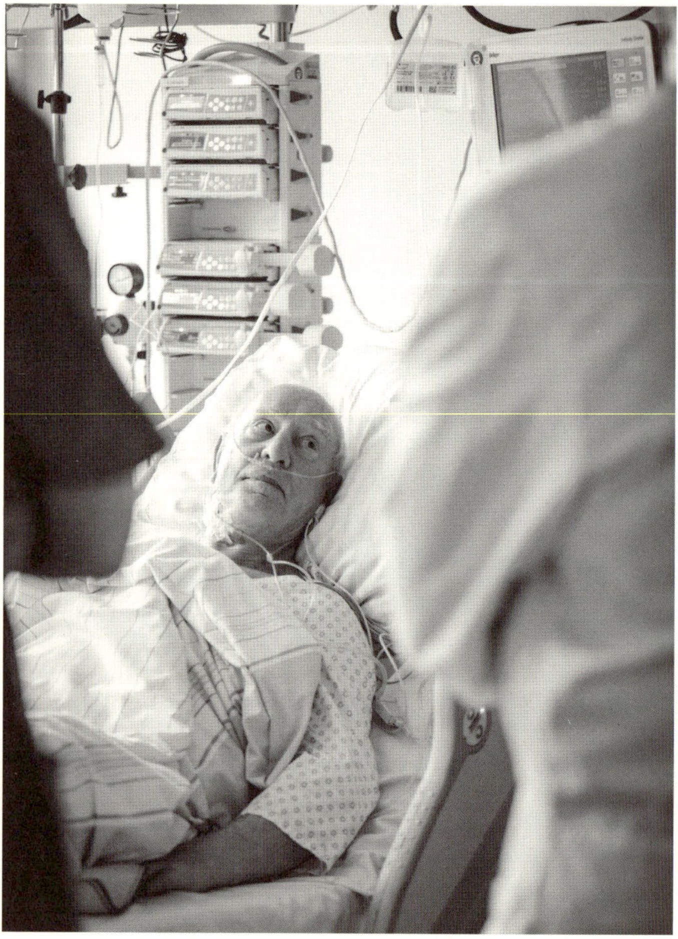

Was können Studenten und Ärzte von Osler lernen?
Die Basis der ärztlichen Tätigkeit sind naturwissenschaftliches Wissen und erlernte Fähigkeiten. Osler hat gezeigt, wie man seine Zeit nutzt, Wissbegier und Fleiß sind Grundlagen seines Erfolgs.

Die Voraussetzung für eine erfolgreiche ärztliche Tätigkeit ist das Engagement für den Patienten. Osler hat gezeigt, dass sich wissenschaftliches Interesse und Engagement für den Patienten durchaus nicht ausschließen.

Studenten und Mitarbeiter lassen sich am besten durch Vorbild und beispielhaftes Verhalten motivieren. Osler ist hierfür lebendiges Beispiel. Er verbreitet im Gespräch mit den Patienten, aber auch bei der Lehre am Krankenbett den Geist ärztlicher Kunst.

Bescheidenheit, kritische Selbsteinschätzung, Toleranz gegenüber Fehlern anderer sind typische Merkmale eines guten Arztes. Osler ist auch in diesem Punkt Vorbild.

3.3 Friedrich von Müller (1858–1941)

Friedrich von Müller lehnt zeitlebens ab, eine Autobiografie zu veröffentlichen. Das Erscheinen seiner Lebenserinnerungen wird erst nach seinem Tode möglich. Er sagt über sich selbst: »Die Neigung zum ärztlichen Beruf, die sich auch bei dem älteren Bruder meines Vaters und bei meinem eigenen Bruder, dem Erlanger Kliniker Ludwig R. Müller und mir zeigte, lässt sich also auf fünf Generationen zurückverfolgen.«

Sein Vater jedoch, der unter den Mühen und Sorgen des ärztlichen Berufs gelitten hatte, hätte es lieber gesehen, wenn sein Sohn Geschäftsmann geworden wäre. Doch wie Friedrich von Müller selbst sagt, habe ihm das Talent zum Geldwesen und überhaupt zum Rechnen gefehlt. Jurist oder Beamter zu werden, habe er ebenfalls keine Neigung gehabt.

Für den sonst vielseitig Interessierten und Begabten wird die Entscheidung für das Medizinstudium durch seine ersten Lehrer an der Universität München angestoßen. Durch Carl Wilhelm von Nägeli, dessen Vorlesung über allgemeine Botanik ihm das Verständnis für Lebensvorgänge eröffnet, aber auch durch »Vater Volhard«, dem letzten Schüler Liebigs, der das chemische Laboratorium an der Medizinischen Fakultät der Universität München leitete. Es stand auch für Mediziner fünfmal wöchentlich den ganzen Nachmittag offen. »Ich beschloss im dritten Studienhalbjahr, nochmals das chemische Praktikum zu belegen.«

Eine erste intensive Erkenntnis ist bestimmend für seinen weiteren Lebensweg. Je mehr er sich mit den Naturwissenschaften befasst, desto mehr wird ihm klar: »Ich werde auf diesem Gebiet niemals ein entscheidender Entdecker und Neugestalter sein. Ich will zur sicheren Basis meiner Existenz erst einmal Arzt werden!« Kritische Selbsteinschätzung und untrüglicher Realitätssinn sind Eigenschaften, die ihn auch im späteren Leben charakterisieren. Diese kritische Distanz zu eigenen Fähigkeiten, aber auch zu seiner eigenen Person, hat ihn davor bewahrt, in die weit verbreitete Hybris eines universitären Klinikers zu verfallen.

Seine Erfahrungen während der klinischen Semester in Würzburg bringen den Durchbruch zur Inneren Medizin. Das Vorbild Carl Gerhards, des damaligen Leiters der Medizinischen Klinik, beseitigt seinen letzten Zweifel. Er will Arzt für Innere Medizin werden.

Das Thema seiner Promotionsarbeit folgt seiner Vorbildung in der klinischen Chemie: »Untersuchungen über das Verhalten und die Zusammensetzung des Kotes beim Fleischfresser unter den verschiedenen Ernährungsbedingungen.« Das praktische Verfahren beschreibt er humorvoll: »Ein vortrefflicher, wohl erzogener Hund, meine getreue Flora, wurde verschiedenen, quantitativ abgewogenen Ernährungsformen unterzogen. Auf den Spaziergängen durch den Hof des Instituts musste ich den Kot auffangen – zur Freude sämtlicher Dienstboten des benachbarten Hauses.«

Während der Zeit als Assistenzarzt am Julius-Spital der Medizinischen Universitätsklinik Würzburg entstehen eine Reihe weiterer Arbeiten, die meisten auf dem Gebiet des Stoffwechsels, aber auch über den Nachweis der gerade entdeckten Tuberkelbazillen in Exkreten von Patienten. Friedrich von Müller kommt bei der Bewertung seiner Arbeiten zu einem ernüchternden Resümee:

> *»So haben jene dreieinhalb Jahre, welche ich zu Würzburg in dem kleinen Laboratorium verbracht habe, manche nützlichen Befunde und Anregungen erbracht, die ich später weiterverfolgen konnte. Ja, ich möchte behaupten, dass diese Würzburger Jahre die fruchtbarsten meines Lebens waren. Freilich habe ich auf keinem Gebiet eine wirklich neue Entdeckung machen können, aber doch viele Anregungen aus der Klinik und der Literatur weiterverfolgt. Ich schäme mich nicht zuzugeben, dass es nirgends originelle Neuentdeckungen waren, tröste mich vielmehr mit dem Ausspruch eines ganz großen Mannes, nämlich von Leibniz, der von sich in der bescheidensten Weise sagte, er habe niemals etwas ganz neues entdeckt, wohl aber seien ihm bei den Entdeckungen anderer Männer sehr oft Ideen gekommen, welche eine weitere nützliche Ausarbeitung zur Folge hatten.«*

Eine weitere Eigenschaft sollte sich für seine Entwicklung günstig auswirken: seine Entschlussfreudigkeit in kritischen Situationen. Unerwartet erhält sein internistischer Lehrer Gerhard einen Ruf an die Charité und bittet Friedrich von Müller, mit nach Berlin zu kommen. Kaum in Berlin eingearbeitet, muss er sich auf Vorschlag des »allmächtigen« Ministerialdirektors Friedrich Althoff (1839–1908) entscheiden, seine gut dotierte Stelle in Berlin aufzugeben und stattdessen eine schlecht bezahlte als außerplanmäßiger Professor in Bonn anzunehmen. Die Entscheidung wird dadurch nicht einfacher, dass diese Professur nicht für Innere Medizin, sondern für den Schwerpunkt Laryngologie ausgeschrieben war. Dementsprechend richtet er den Kurs für Laryngologie an der Medizinischen Klinik der Universität Bonn ein, kauft von seinem persönlichen Geld Instrumentarium und heuert Freiwillige zur Untersuchung gegen Honorar an. Seine Durchsetzungsfähigkeit trägt schon bald Früchte. Der Kehlkopfkurs findet enormen Zuspruch, eine von ihm ebenfalls angebotene Vorlesung (»Einführung in das Studium der Inneren Medizin«) wird ungewöhnlich gut besucht. Dieser Erfolg findet auch im Ministerium in Berlin Beachtung. Friedrich Althoff bietet ihm nach wenigen Jahren in Bonn an, das etatmäßige Extraordinariat für Laryngologie an der Universität Breslau zu übernehmen. Erneut beweist von Müller Leidens- und Anpassungsfähigkeit. Gerade nach seinen ersten Erfolgen in Bonn, die er nicht zuletzt seinem Erfindungsreichtum und Organisationstalent verdankt, beginnt er erneut bei Null und wieder in fremder Umgebung – und wieder in einem internistischen Teilgebiet, das zu den Steckenpferden seines Lehrers Gerhard, aber nicht zum Kerngebiet der Inneren Medizin gehört. Hierzu bedarf es eines enormen Kraftaktes. In Breslau wird man rasch auf seine klinischen Fähigkeiten aufmerksam. Er wird als Arzt und Mensch von Patienten und Kollegen hoch geschätzt.

Die Universität Breslau versucht alles, eine Wegberufung nach Marburg zu verhindern. Doch der allmächtige

Ministerialdirektor Friedrich Althoff, quasi Kultusminister Preußens mit Zuständigkeit für die Universitäten, hat von Müllers Fähigkeiten längst erkannt und drängt ihn, den Ruf auf das Extraordinariat für Innere Medizin nach Marburg anzunehmen. Hier soll er in seinem eigentlichen Fachgebiet, der Inneren Medizin, seine Begabung als Arzt voll zur Entfaltung bringen. Allerdings muss er auch in Marburg von ganz unten beginnen:

> *»Ich habe in Marburg als Polikliniker sieben volle Jahre verbracht und vorher schon drei Jahre in Bonn und Breslau in der gleichen poliklinischen Tätigkeit. Während dieser ganzen Zeit hatte ich nicht ein einziges Krankenbett zur Verfügung (...). Die Poliklinik war zu Beginn meiner Tätigkeit in genau derselben bescheidenen Weise ausgerüstet, wie sie Rumpf [sein Vorgänger] hinterlassen hatte. Sie war mit zwei Assistenten ausgestattet.«*

Hier findet er Gelegenheit, mit seinem Organisationstalent und seiner Fähigkeit, Mitarbeiter zu motivieren, eine anerkannte Poliklinik aufzubauen. Und hier entwickelt er seine Arztpersönlichkeit zur eigentlichen Stärke: Zuwendung zum Patienten und sicheres Urteil in kritischen Situationen. Und wieder macht er mit seinen Leistungen auf sich aufmerksam.

Er gilt als hervorragender Arzt bzw. als brillanter Kliniker – so drückt man sich im akademischen Bereich aus. Seine Vorlesungen sind eine Attraktion für Studenten. Einem Ruf nach Basel folgt schon wenige Jahre später die Berufung nach München als Nachfolger Hugo von Ziemsens. Während er noch in München verhandelt, erhält er einen Ruf an die Charité nach Berlin und einen weiteren an die Universität Wien. Er entscheidet sich für München. Bei der Übernahme der Münchener Klinik wird eine weitere

Qualität Friedrich von Müllers deutlich: Seine Menschenführung. Ich zitiere hierzu Worte aus der posthum veröffentlichten Autobiografie:

> *»Aufgrund meiner Erfahrungen, namentlich an der Charité, brachte ich jedem meiner Mitarbeiter volles Vertrauen entgegen und suchte auch das Verhältnis der Assistenzärzte untereinander möglichst freundschaftlich und offenherzig zu gestalten. Denn gerade aus der einmütigen Zusammenarbeit ergeben sich fruchtbare Anregungen. Aus diesem Grunde habe ich auch die Visiten auf den Krankensälen nicht, wie bisher üblich, mit dem ganzen Stab sämtlicher Assistenten und Volontärärzte durchgeführt, sondern immer nur mit dem verantwortlichen Assistenzarzt der betreffenden Abteilung allein. Dann konnte ich evtl. Tadel oder Korrekturen zum Ausdruck bringen, ohne den betreffenden Assistenten vor seinen Kollegen bloßzustellen.«*

Andererseits ist er als Klinikchef und ärztlicher Lehrer durchaus fordernd. Das folgende Zitat stammt von seinem Schüler Alexander von Domarus verfassten Epilog seiner Autobiografie:

> *»Es war selbstverständlich, dass Friedrich von Müller von seinen Mitarbeitern den gleichen Eifer und die gleiche peinliche Gewissenhaftigkeit verlangte. Ein kurzer, aber nicht misszuverstehender Tadel erzog den jungen, mit den Gepflogenheiten der Klinik vielleicht doch nicht völlig vertrauten Assistenten zur Disziplin und zu einer Solidität in seinem ärztlichen Handeln, bei welchem Ausnahmen nicht geduldet wurden. Es war eine unerbittliche harte Schule, für die aber seine Schüler ihm über sein Grab hinaus zu tiefstem Dank verpflichtet sind. Dabei wurden alle Fortschritte in der Medizin mit leidenschaftlichem Eifer sowohl im Laboratorium als auch im Unterricht und am Krankenbett verar-*

beitet. Dabei wusste die ständig wache Kritik des Chefs sehr wohl das Modisch-Neue von dem zu unterscheiden, was auch auf Dauer Bestand hat. Als Feind jeder Dogmatik, war übrigens Friedrich von Müller ständig bereit, sein eigenes Urteil zu revidieren, und er zeigte auch hier für jede sachliche Kritik stets ein offenes Ohr.«

Die Auffassung Friedrich von Müllers über das Verhältnis der Mitarbeiter zum Chef einer Klinik lässt sich nicht besser kennzeichnen als in einem Brief an einen mit ihm befreundeten Kliniker, in dem er gewissermaßen sein Testament als Klinikleiter niedergelegt hat. Er sagt dort wörtlich:

»Der normale, ja ich möchte sagen, der wirklich brauchbare klinische Assistent steht meistens in einem gewissen Widerspruch zu den Ansichten seines Chefs (...) Dieser Widerspruch (...) ist nicht nur erlaubt, sondern eine ernste Pflicht, denn jene Assistenten, welche sich als ›Lieblingssklaven‹ bei ihrem Chef beliebt zu machen suchen, stärken diesen in seinen falschen Ansichten und bedeuten für ihn eine Gefahr.«

Doch Friedrich von Müller ist nicht nur Vorbild als Arzt und Lehrer für seine ärztlichen Mitarbeiter, unvergleichlich inspirierend muss sein Unterricht für die Medizinstudenten gewesen sein. In einem Nachruf von Alexander von Domarus wird der später berühmte Heidelberger Kliniker Ludolph Krehl zitiert:

»Friedrich von Müller war unter seinen Zeitgenossen ohne Zweifel der beste Lehrer der Inneren Medizin. Versucht man, das Geheimnis dieser Wirkung auf die studierende Jugend zu ergründen, so waren es neben dem imponierend umfassenden Wissen Friedrich Müllers vor allem zwei

Merkmale, die ihn zum wahrhaft begnadeten Lehrer stempelten.
Vor allem war es sein außergewöhnliches didaktisches Können, d.h. die Kunst, schwierige Dinge klar und anschaulich darzustellen und von einer trocknen und spröden Materie ein lebendiges, den Hörer bis zur letzten Minute fesselndes Bild zu entwerfen. Nach seinen eigenen Worten unterscheidet sich der gute Lehrer vom schlechten dadurch, dass er seine Person nicht in den Vordergrund stellt und dass er in jedem Satz verständlich bleibt, wobei, wie er betont, es sich als nützlich erweist, anstelle gelehrter Bezeichnungen das einfache deutsche Wort zu benutzen.«

Und weiter heißt es:

»Jeder in der Klinik vorzustellende Krankheitsfall wurde von Friedrich Müller selbst zunächst gründlich durchgearbeitet, eine scharfe Disposition aufgestellt, und schließlich ein dramatisches Bild der Krankheit entworfen. So entstanden auch von sogenannten langweiligen Fällen vor den Hörern Bilder von unerhörter Prägnanz, sodass sie noch nach Jahren in den Köpfen haften blieben. Es waren kranke Menschen und nicht abstrakte Lehrbuchtypen oder gar für den Zweck der Vorlesung wahrheitswidrig zurechtgestutzte Fälle, die dem Studierenden vorgeführt wurden. Schlagworte, geistreiche Aperçus oder rhetorische Effekte waren in diesem Hörsaal unbekannt. Der Lehrer wirkte allein durch eindringliche Sachlichkeit und durch die kristallhelle Klarheit seines Vortrages.
Aber es kam noch ein bedeutsames Zweites hinzu, und dieses bildete wohl in noch höherem Grade den psychologischen Grund für die faszinierende Wirkung, welche Friedrich von Müller in gleicher Weise auf junge wie auf ältere Hörer ausübte. Er hat einmal selbst gesagt, dass der Student in seinen führenden Lehrern vor allem die Persönlichkeit sucht. Nun, dass Friedrich Müller diese seine eigene Forde-

rung in ganz außergewöhnlichem Maße erfüllte, davon war bald auch der jüngste Student, der ihn zum ersten Mal sah, überzeugt.«

Von Domarus fasst die Eigenschaften seines Lehrers folgendermaßen zusammen: Von Müller sei »ein wahrhaft begnadeter akademischer Lehrer, eine große Persönlichkeit« gewesen, »mit männlich kraftvoller Energie«, Ausstrahlungskraft und Disziplin und »von hohem ethischen Anspruch im Umgang mit seinen Patienten genauso wie mit seiner Lehrverpflichtung«. Weiter:

> *»Der Ruf seines Könnens als Diagnostiker breitete sich weit über die Grenzen Deutschlands aus. Dabei war es für ihn eine Selbstverständlichkeit, den völlig mittellosen Kranken wie auch den amerikanischen Milliardär oder den indischen Fürsten mit genau der gleichen gewissenhaften Gründlichkeit und Sachlichkeit zu untersuchen, wobei ihm auch Kleinigkeiten niemals entgingen. Vor allem aber war es psychologisch interessant zu beobachten, wie auch derjenige Kranke, der vielleicht zunächst widerstrebte und offensichtlich nicht gewillt war, dem gelegentlich sich etwas herrisch gebenden Chef Folge zu leisten, in Kürze dem Bann dieser starken Persönlichkeit erlag und dann bis an sein Lebensende ihm ein Vertrauen schenkte, das durch nichts zerstört werden konnte.«*

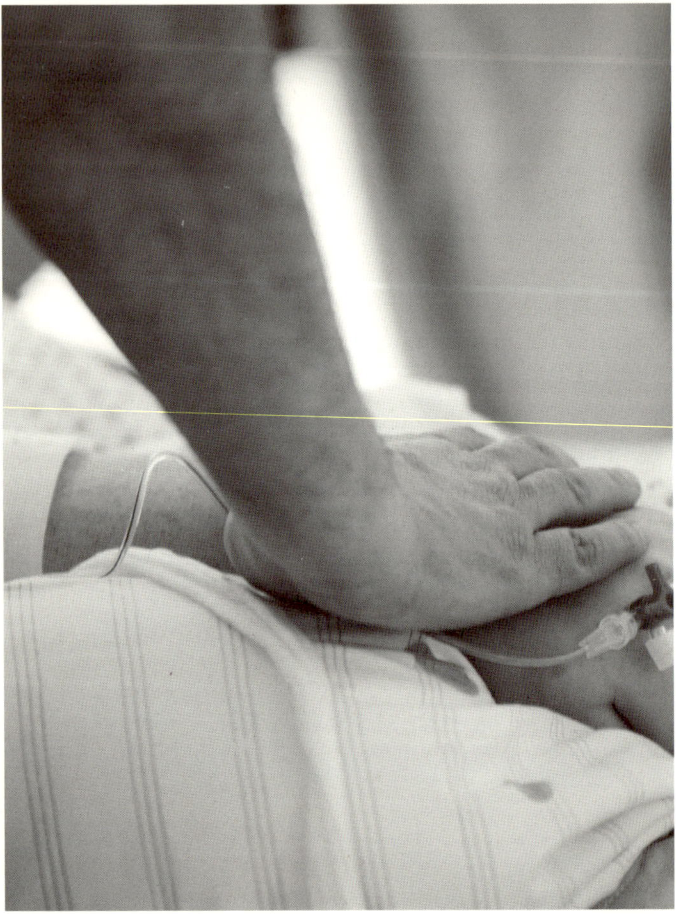

3.4 Ferdinand Hoff (1896–1988)

Um ein großer Arzt zu werden, muss man nicht aus einer traditionsreichen Arztfamilie stammen. So ist Ferdinand Hoff Nachkomme einer schleswig-holsteinischen Bauernfamilie, die sich in der elterlichen Generation zu Lehrern und Handwerkern »entwickelt« hat. Er beschreibt in seiner Autobiografie »Erlebnis und Besinnung«, wie sein Interesse an der belebten Natur durch seine Lehrer in der Schule geweckt wurde. In diesem Buch wird deutlich, dass er an allererster Stelle Arzt und nicht Wissenschaftler oder Universitätsprofessor werden will. Charakteristisch für Ferdinand Hoff ist die Suche nach Vorbildern, an denen er sich orientieren kann – in der Schule, im Studium, im Beruf und im Leben. Diese Suche ist Leitfaden seines Lebens. Dabei scheint es für ihn kein Problem gewesen zu sein, dass diese Leitbilder in vielen, aber durchaus nicht in allen Eigenschaften Vorbildcharakter hatten.

Eine seiner unbestritten vorbildhaften Fähigkeiten ist die scharfe Beobachtungsgabe, die Fähigkeit, das charakteristische und typische einer Verhaltensweise oder eines Menschen zu erfassen und prägnant in Worten festzuhalten. Noch während seiner Ausbildungszeit zum Arzt fällt die Entscheidung: »Es wurde mir klar, dass ich einen wundervollen Beruf ergriffen hatte, vielmehr, dass mich ein wunderbarer Beruf ergriffen hatte.« Praktische ärztliche Tätigkeit wird bei allem Interesse an der Forschung zukünftig sein Lebensinhalt sein. Was sind die Beweggründe für seine Entscheidung? Leitbilder waren für ihn seine klinischen Lehrer Georg Hoppe-Seyler, Alfred Schittenhelm, Ludwig R. Müller sowie im wissenschaftlichen Bereich Heinrich Schade.

Aus einer Kindheitslektüre des Buchs *Der Dorfteich als Lebensgemeinschaft* (Friedrich Junge, 1832–1905) gewinnt er die Erkenntnis, dass Lebewesen sich nicht für sich allein, sondern nur in der sozialen Beziehung entwickeln können. Der Arzt ist demnach der »Prototyp« eines sozialen Wesens, das zumindest zeitweise nur für den anderen da ist.

So sehr er von naturwissenschaftlichen Erkenntnissen stimuliert wird, so wenig befriedigt Hoff die damals übliche praktische ärztliche Tätigkeit. Er möchte verbessern, besonders die Therapie, die damals weitgehend vernachlässigt wurde. Er ist offen für Neues. Für die Themen, die in der Universitätsmedizin damals keinen Platz hatten, die aber für die Patientenbetreuung aus heutiger Sicht unerlässlich sind: der seelische Ursprung von Krankheiten, das Unbewusste, Hypnose und Suggestion.

Die Entscheidung für die ärztliche Tätigkeit ist jedoch keinesfalls gegen das wissenschaftliche Engagement gerichtet. Seine beiden wichtigsten klinischen Lehrer (Hoppe-Seyler und Schittenhelm) legen hierzu den Grundstein. Der Kernpunkt: Ferdinand Hoff sieht hinter den klinischen Fällen die wissenschaftliche Fragestellung, hinter dem Speziellen das Allgemeine. Die Fragestellung erübrigt sich nicht durch Lösung des klinischen Problems.

So entsteht ein großes Forschungsthema aus der tagtäglichen Begegnung des Arztes mit dem Schwerkranken. Die Mehrzahl dieser Kranken stirbt zur damaligen Zeit an Infektionskrankheiten, Antibiotika sind noch nicht verfügbar. Doch einige Patienten überleben dank eigener Kräfte. Wie es in seiner Autobiografie heißt: »Dank des inwendigen Arztes, dank einer inneren Arznei.«

Das Problem der natürlichen Heilungsvorgänge, der sichtbaren Veränderungen des Blutbildes und dessen Regulation durch das vegetative Nervensystem wird ein zentrales Thema seiner Forschungen. Der nicht mehr ganz junge Wissenschaftler ist erfolgreich, er gewinnt selbst unter den klinisch tätigen Kollegen Mitarbeiter für seine Forschung. Nach wenigen Jahren ist er als klinischer Forscher genauso anerkannt wie als Arzt. Ohne es primär beabsichtigt zu haben, steht er am Beginn einer Universitätskarriere.

Und doch ist ihm klar: Er kann diese Probleme im Detail nicht fachgerecht erforschen. Es fehlt ihm die methodische Vorbildung. Er findet in Heinrich Schade einen Lehrer, ein Vorbild, einen Fachmann, der mit Methoden der physikalischen Chemie vertraut ist. Durch das neue Verfahren (Molekularpathologie) sollte die bisher gültige Zellularpathologie ergänzt und erweitert werden. Wie heutige Kliniker mit Forschungsinteresse steht Ferdinand Hoff vor einem Dilemma: hier die Kliniktätigkeit, dort die Arbeit im Labor. Er bittet seinen langjährigen Klinikchef und Förderer, Geheimrat Professor Dr. Georg Hoppe-Seyler, an dessen Klinik weiterarbeiten und gleichzeitig – vorzugsweise nachmittags – im Labor von Heinrich Schade tätig sein zu dürfen. Nach eigener Aussage gerät Hoff dabei häufig an die Grenzen seiner Leistungsfähigkeit. Er befindet sich im ständigen Konflikt zwischen ärztlicher und wissenschaftlicher Tätigkeit.

Was war der geistige Gewinn, der Ferdinand Hoff durch diese Untersuchungen weiterbrachte? Das Erlernen neuer Verfahren – z. B. der Katalyse – wäre auch in anderen Laboratorien möglich gewesen.

> *»Aber das große Erlebnis war der Einblick in die geistige Leistung. (…) Er (Schade) war ein Meister der exakten Analyse und der geistigen Synthese zugleich, die nicht allein aus logischer Verstandesarbeit, sondern auch aus schöpferischer Fantasie erwächst.«*

Erneut steht Ferdinand Hoff vor einer schwierigen Entscheidung: Soll er die Grundlagenforschung unter Verzicht auf klinische Tätigkeit fortsetzen (was für ihn keine echte Alternative war), eine ihm angebotene Privatklinik zu finanziell attraktiven Bedingungen übernehmen (verbunden mit dem Verzicht auf Forschung, was für ihn ebenfalls nicht infrage kam) oder im Städtischen Krankenhaus in Kiel bleiben (wo ärztliche Tätigkeit wohl, Forschung aber kaum möglich war). Es bleibt nur der Wechsel an eine Universitätsklinik, in der beides kombiniert werden kann. Er wählt diesen dornenreichen Weg. Anfängliches Haupthindernis für eine Assistentenstelle an einer Universitätsklinik ist die Tatsache, dass er verheiratet ist. Eine Ehe mache – so die Meinung des Klinikchefs der Medizinischen Klinik Kiel Professor Schittenhelm – den totalen Einsatz am Krankenbett und im Labor unmöglich. Nach einem desillusionierenden Gespräch mit Schittenhelm versucht er alles, eine Assistentenstelle an einer anderen Universitätsklinik zu finden. Schließlich ist er erfolgreich und wechselt 1929 von Kiel nach Erlangen. Hier habilitiert er sich schon nach kurzer Zeit – trotz Ehe und Kind – im Fach Innere Medizin.

Was unterscheidet ihn von anderen Universitätsklinikern seiner Zeit?

Bei aller Erfolgsorientierung sprechen die Quellen dafür, dass er nachdenklicher, kritischer und grundsätzlichen Fragen gegenüber offener ist als viele Kollegen. Nach vierjähriger Zeit in Erlangen wechselte er auf eine Oberarztstelle nach Königsberg. Im Gegensatz zu seinem Chef Professor Assmann (»Er sah eher wie ein Generalstabsoffizier aus als ein Professor«) wird er sich selbst seiner Bedürfnisse bewusst, die Assmann offensichtlich nicht empfand: »Mir lag ein menschlich vertrauter Umgang mit den Kranken am

Herzen, ich neigte auch zu dauernden Überlegungen über weitreichende physiologische und psychologische Zusammenhänge.« Anders als vielen berühmten Klinikern der damaligen Zeit ist Ferdinand Hoff bewusst, dass die Therapie als eigentlich vornehmste Aufgabe der Medizin Stiefkind ärztlicher Bemühungen ist.

Rudolf Virchow, der Vater der Zellularpathologie, hat diesen Mangel – wie Ferdinand Hoff in seinen Erinnerungen erwähnt – sehr wohl empfunden und auf seine Weise beschrieben: »Die physiologische Heilkunde hat es leider nicht zum Heilen gebracht.« Es ist charakteristisch für Ferdinand Hoff, diese Situation nicht nur erkannt, sondern daraus praktische Konsequenzen gezogen zu haben. Mit der Ankündigung einer Vorlesung mit dem Titel »Behandlung innerer Krankheiten« eröffnet er einen neuen Schwerpunkt, der damals an einer deutschen Universitätsklinik nicht gelehrt wurde. Er setzte auf die weitere Entwicklung der internistischen Therapien, er urteilt und fällt Entscheidungen auch gegen den damaligen Trend.

Auch die großen wissenschaftlichen Theorien, die ja jeweils eine einzige Erklärung der Phänomene in den Vordergrund stellen, zieht er zunehmend in Zweifel. Seiner Meinung zufolge irren diese Theorien nicht in dem, was sie sagen, sondern durch das, was sie verschweigen. In seiner Autobiografie ist es Immanuel Kant in seiner *Kritik der reinen Vernunft*, der ihm entscheidende Hilfe bei der Deutung wissenschaftlicher Befunde bringt. Lassen wir Ferdinand Hoff selbst argumentieren:

> *»Eine entscheidende Hilfe kam mir durch das Studium der* Kritik der reinen Vernunft *von Kant, das ich in Karlsbad nach manchen vorausgegangenen Ansätzen gründlich betrieb. Ich hatte in Königsberg oft an seinem Grabe gestan-*

den, das in würdiger Weise unter einem säulengestützten Dach neben dem ehrwürdigen Dom lag. Ich fand bei Kant einen Satz, der mich von jeder Einseitigkeit des Kausalitätsbegriffes befreite, der die medizinische Lehre beherrschte. Kant beschrieb in der Tafel der Kategorien unter dem Begriff der Relation außer der Möglichkeit der Kausalität (Ursache und Wirkung) diejenige der Gemeinschaft (Wechselwirkung). Kant selbst weist auf diese letztere Relation als gültig für biologische Fragestellungen hin: ›Zum Beispiel in einem Körper, dessen Teile einander wechselseitig ziehen und widerstehen, sodass sie als einander koordiniert, nicht subordiniert, sodass sie einander nicht einseitig wie in einer Reihe, sondern wechselseitig als in einem Aggregat bestimmend, welches eine ganz andere Art der Verknüpfung ist als die, welche nur im Verhältnis der Ursache zur Wirkung angetroffen wird.‹«

Und Hoff weiter:

»In dieser Kategorie der Gemeinschaft, der Wechselwirkung, in der die Teile sich nicht einseitig wie in einer Reihe, sondern wechselseitig bestimmten, hatte ich, so war ich überzeugt, den Schlüssel gefunden, der die Probleme der vielfachen Zusammenhänge im Organismus erschließen konnte. Das hatte ich auch durch das Gleichnis der miteinander verzahnten Räder ausdrücken wollen.«

Wenig später stieß er noch auf eine andere, für mein Denken wesentliche Erkenntnis, auf das Wort des Hippokrates: »Alle Teile des Körperhaushaltes bilden einen Kreis, jeder Teil ist daher zugleich Anfang und Ende.« Und weiter: »So entwarf ich eine Darstellung meiner Ergebnisse nach dem Prinzip der Wechselwirkungen, in dem die einzelnen Glieder des Organismus durch Ordnungssysteme miteinander verbunden sind.«

Die menschliche Bewährungsprobe Hoffs war die Nazizeit und der Zweite Weltkrieg: Parteimitgliedschaft in der NSDAP und Engagement in anderen nationalsozialistischen Organisationen, abwechselnd Klinikchef und Militärarzt, beratender Arzt beim Generalstab in der Sowjetunion, Bewunderer und Freund bedeutender militärischer Führer, wie etwa des Feldmarschalls Fedor von Bock. Gleichzeitig Universitätskarriere, wissenschaftlicher Erfolg und hohe Anerkennung seiner ärztlichen Fähigkeiten. Die autobiografischen Angaben und Aussagen ehemaliger Mitarbeiter zu all dem sind günstig – wie nicht anders zu erwarten. Bewusste oder unbewusste Falschaussagen zu seinen Gunsten sind allerdings nicht auszuschließen.

Ganz offensichtlich hat er in keiner Weise Widerstand gegen das Nazi-Regime geleistet. Ja, es gibt Hinweise dafür, dass er mit dem Regime sympathisierte. Bei aller Wertschätzung für ihn als Arzt müssen wir dies zur Kenntnis nehmen. Er hat sich in diesem Punkt leider so verhalten wie damals die Mehrzahl der Universitätskliniker und ist daher diesbezüglich sicher kein Vorbild. Umso positiver ist das Bild, das seine Studenten und Schüler von ihm zeichnen:

- »Einer, der sagt, was Sache ist.«
- »Einer, der seine Meinung äußert und mit seinem Urteil nicht zurück hält.«
- »Einer, der sich an erster Stelle um seine Patienten kümmert.«
- »Einer, der von seinen Mitarbeitern geachtet und verehrt wird.«
- »Einer, der über seinen medizinischen Tellerrand hinausschaut.«
- »Einer, dem im Zweifelsfall der Patient wichtiger ist als seine Wissenschaft.«
- »Einer, bei dem man immer wusste, woran man war.«

All diese Aussagen hörte ich als Student von seinen Nachfolgern, die wiederum meine Lehrer waren. Was mich an seiner Autobiografie – verlässlicher Report seines Lebens? – besonders beeindruckt, sind sein Einfühlungsvermögen gegenüber Patienten und seine unzweideutige Entscheidung. Wenn es um den Patienten geht: im Zweifelsfall erst Arzt und dann Wissenschaftler.

Zusammenfassung

Was ist diesen ärztlichen Vorbildern gemeinsam?

An erster Stelle die den Patienten beeindruckende und einnehmende Persönlichkeit. An zweiter Stelle die Fähigkeit, von der eigenen Person abzusehen und sich ganz auf den Patienten zu konzentrieren. Weiterhin das Vermögen, dem Patienten das Gefühl zu geben, dass er und seine Krankheit im Mittelpunkt stehen. Letztlich: dem Patienten den Eindruck zu vermitteln, dass er die Aussicht hat, geheilt zu werden.

Die vier genannten Ärzte verfügten über diese Eigenschaften – jeweils mit unterschiedlichen Schwerpunkten. Damit erfüllen sie neben ihrem breiten Fachwissen und wissenschaftlicher Neugierde die Kriterien eines guten Arztes.

3.5 Meine klinischen Lehrer

Wie wichtig ärztliche Vorbilder sind, habe ich in den bisherigen Kapiteln deutlich zu machen versucht. Nicht anders war es in meiner eigenen Entwicklung.

Ursprünglich hatte ich nicht vor, über meine klinischen Lehrer zu schreiben. Meine subjektive Voreingenommenheit schien mir für eine solche Darstellung zu offensichtlich. Andererseits könnte – so dachte ich – der Leser es als übertriebene Zurückhaltung empfinden, dass ich – wenn ich so ausführlich über ärztliche Vorbilder spreche – nicht auch etwas über meine eigenen akademischen Lehrer, die mich ja geprägt haben, berichte.

So paradox es klingt: Mein erster klinischer Lehrer ist ein »Theoretiker«, Hasso Scholz, damals wissenschaftlicher Mitarbeiter und Habilitant am Pharmakologischen Institut der Johannes-Gutenberg-Universität in Mainz. Der »mächtige« Direktor dieses Institutes, Gustav Kuschinsky, hatte mich als Doktorand eingestellt. Meine Betreuung wird Hasso Scholz übertragen. Mit dieser Begegnung beginnt für mich eine neue Lebensphase. Ich war zwar grundsätzlich wissenschaftlich interessiert, hatte aber bislang niemals naturwissenschaftlich experimentell gearbeitet. Meine kopflastige humanistische Schulausbildung hatte mich auch nicht in diese Richtung geführt.

Doch bei Hasso Scholz sind Motivation und Engagement wichtiger als Vorkenntnisse. Was er erwartet, sind eine gute Auffassungsgabe, sauberes experimentelles Arbeiten und überprüfbare Ergebnisse. Worauf er großen Wert legt: Seine Doktoranden sollen in der Lage sein, ihre Untersuchungsergebnisse fachkompetent darzustellen und in einer Diskussionsrunde zu verteidigen. Seine besondere Stärke: Er versteht es, seine Doktoranden im Auge zu behalten, ohne ihnen den Eindruck zu geben, permanent kontrolliert zu werden. Unter seiner durchaus strengen, aber stets gerechten und persönlichen Beobachtung fühlen sie sich gut aufgehoben. Entsprechend gering ist die Fluktuation unter seinen akademischen und nichtakademischen Mitarbeitern. Hasso Scholz ist von Natur aus spontan, zupackend, durchsetzungsfähig und zielstrebig. Diese Eigenschaften werden – und das macht seine Persönlichkeit besonders interessant – durch anders geartete Fähigkeiten ergänzt und erweitert: Zugewandtheit, Menschenkenntnis und Führungsqualitäten. Scholz hat leider nie längere Zeit selbstständig ärztlich gearbeitet, sondern bleibt der Grundlagenwissenschaft treu. Ich bin mir sicher, er wäre dank der genannten Eigenschaften ein guter Arzt geworden. Inwiefern ist er für mich nicht nur ein theoretischer, sondern auch ein klinischer Lehrer?

Während seiner Ausbildungszeit zum Facharzt für Pharmakologie muss er selbst klinisch tätig sein, seine Wahl fiel auf die Internistische Intensivstation. Ich werde Zeuge, wie er selbst von seiner klinischen Tätigkeit begeistert ist. Ich habe den Eindruck, dass er drauf und dran ist, in den Klinikbetrieb zu wechseln. Indirekt hat er mit dieser Begeisterung auch bei mir die Frage aufgeworfen, ob ich auf Dauer Grundlagenwissenschaftler bleiben wollte. Eigentlich hatte ich immer vor, Kliniker (Neurologe z. B.) zu werden. Mittlerweile war ich im Fach Pharmakologie habilitiert und überlegte, wie ich einen Übergang in die Klinik finden könnte. In dieser Situation bietet sich eine Gelegenheit: Zwischen Klinik und Pharmakologie liegt das Fach Klinische Pharmakologie, damals in seiner Anfangsphase (um 1980) sehr in Mode.

Ein Mitarbeiter unseres Institutes, Eberhard Jähnchen, hat in den USA bei Gerhard Levy gearbeitet und wichtige Kenntnisse mit nach Mainz gebracht. Eberhard Jähnchen bezieht mich in seine klinisch orientierte pharmakologische Forschung ein und weckt in mir das Interesse an neuen Fragestellungen. Er unterscheidet sich von vielen seiner Kollegen: Er ist weder auf akademischen noch auf beruflichen Erfolg programmiert. Was für ihn zählt: spannende Forschungsergebnisse!

Kontraste – als Vorbilder und Persönlichkeiten

Am Ende dieser Zeit ist mir klar: Beides, die kardiologischen Kenntnisse aus dem tierexperimentellen Labor und die klinisch-pharmakologischen Erfahrungen, werden für eine akademische Laufbahn als Kliniker von Vorteil sein.

Der Wechsel in die Klinik ist jedoch alles andere als einfach. Mir ist die Tätigkeit als Arzt am Krankenbett zunächst völlig neu. Erleichtert wird mir der Übergang in die klinische Medizin durch die Entscheidung einer von allen geschätzten Autorität, des Chefs der II. Medizinischen Klinik in Mainz, Professor Paul Schölmerich, der mir anbietet, zunächst probeweise anzufangen und zu sehen, ob ich Freude an ärztlicher Tätigkeit habe. »Vergessen Sie einstweilen Ihre pharmakologische Habilitation und wissenschaftlichen Projekte und fangen Sie als ganz normaler Assistent in der Klinik an. Nach wenigen Monaten werde ich Ihnen sagen, ob Sie für die klinische Arbeit geeignet sind oder nicht.«

Wer ist dieser Mann, der einem potenziellen Mitarbeiter ein so großzügiges Angebot macht? Es dauert Jahre, bis ich auf diese Frage eine Antwort finde. In dieser Zeit lerne ich ihn näher kennen, zunächst als wissenschaftlicher Mitarbeiter und nachfolgend als Oberarzt. Erst allmählich werden mir seine Besonderheiten als Klinikchef, Arzt und Mensch offensichtlich. Seine besondere Stärke liegt in der Fähigkeit, eine große Klinik zu führen und seine ärztlichen Mitarbeiter klinisch und wissenschaftlich zu motivieren. Er verlangt von ihnen maximales Engagement bei der Versorgung der Patienten, aber auch in der klinischen Forschung. Im Zweifelsfall ist der Einsatz für den Patienten wichtiger als der Erfolg in der Wissenschaft. Diese Einstellung war für einen Leiter einer Universitätsklinik damals – und ist es heute – durchaus nicht selbstverständlich. Er vermittelt mir und seinen anderen Mitarbeitern, dass es bei der ärztlichen Tätigkeit an allererster Stelle um das Wohl des Patienten geht – auch in einer Universitätsklinik!

Sein eigenes Verhältnis zu seinen Patienten ist bemerkenswert ambivalent. Als guter Arzt steht er, wie es sich gehört, allen Patienten offen und wohlwollend gegenüber. Insofern behandelt er alle Patienten gleich. Aber er kann nicht mit allen Patienten, wie er selbst sagte. Zu manchen Patienten findet er keinen rechten Kontakt. Dabei empfindet er es als wichtig, mit dem Patienten nicht nur rational, sondern auch gefühlsmäßig zu kommunizieren. Wenn dieser Kontakt zustande kommt, hat er alles, was einen guten Arzt ausmacht: Zuwendung, Engagement sowie Urteils- und Entscheidungskraft. Wenn diese Beziehung nicht zustande kommt, bleibt sein Verhältnis zum Patienten unpersönlich, hölzern und unbefriedigend.

Während meiner Zeit in der von Paul Schölmerich geleiteten Klinik lerne ich Hanjörg Just kennen, damals sein Oberarzt und später Leiter der Abteilung Innere Medizin III am Universitätsklinikum Freiburg. Mir wird schon im ersten Jahr meiner Ausbildung in der Schölmerischen Klinik deutlich, dass ich hier zwar sehr gute Innere Medizin und Grundlagen der Kardiologie lernen kann, jedoch die mich interessierende spezielle Kardiologie nur von Just vertreten wird. Er vertritt die damals moderne Kardiologie in Klinik und Forschung. In seinem Ausbildungsstand ist er dank eines mehrjährigen Aufenthalts in den USA an renommierten Ausbildungsstätten den Mitarbeitern unserer Klinik, aber auch vielen Kollegen anderer Kliniken weit überlegen. Um Kardiologe zu werden, muss ich von der allgemeininternistisch-kardiologischen Grundausbildung bei Paul Schölmerich zur speziellen kardiologischen Ausbildung zu Hanjörg Just wechseln. Pikant ist, dass sich die Persönlichkeiten von Schölmerich und Just grundsätzlich unterscheiden. Sie machten aus ihrer wechselseitigen Abneigung keinen Hehl. Allerdings in einem haben beide eine

Gemeinsamkeit: Ihr primäres Interesse gilt dem Patienten, Forschung und Lehre sind wichtig, aber stehen nicht an erster Stelle.

Anders als Schölmerich kann Just praktisch mit allen Patienten gleich gut. Blitzschnell stellt er sich auf die Bedürfnisse seines Patienten ein. Er kann zuhören und überzeugen. Er bietet dem Patienten ein therapeutisches Arsenal an, das nach meiner Erinnerung niemals vom Patienten infrage gestellt wird. Hanjörg Just ist Medizinmann, Zauberer, Medizintechniker und Naturwissenschaftler zugleich. Kein Zweifel: Er ist in vielerlei Beziehung ein Arzt, der die ärztliche Kunst bis zur Perfektion beherrscht – Wissenschaft und Empathie.

Was zieht mich sonst an ihm an?

Er lässt seinen Mitarbeitern in der Forschung viel Freiheit, ganz anders als im Klinikbetrieb. Stimulierend wirkt auf uns seine Offenheit und Begeisterungsfähigkeit für alles Neue. Frühzeitiger als viele Kollegen erkennt er das Potenzial neuer Verfahren, z.B. der digitalen Röntgentechnik oder der Digitalisierung biomedizinischer Signale. Nach seinen Vorstellungen müssen klinische Arbeit und Forschung simultan geleistet werden. Arbeitsurlaub ist für ihn ein Fremdwort. Wer seine klinischen Anforderungen nicht erfüllt, hat bei ihm – trotz erfolgreicher Forschung – auf die Dauer keine Chancen auf akademischen Aufstieg.

In seiner Klinik gilt: Konkurrenz belebt das Geschäft. Er fördert den Wettbewerb unter seinen Mitarbeitern, setzt diesem aber ganz bewusst Grenzen. Niemals darf der Wettbewerb zulasten des Patienten gehen. Ihm ist bewusst, dass eine allzu große Rivalität unter den Mitarbeitern Gift für die Atmosphäre in einer Klinik und damit schädlich für die Patienten ist. Nicht immer gelingt es ihm, diese Erkenntnis umzusetzen. Ohne jede Einschränkung ist er für mich als Arzt in seinem Umgang mit den Patienten das große Vorbild.

3.6 Was lehrt uns die Lektüre dieser Biografien?

Haben gute Ärzte gemeinsame Merkmale? Kein Zweifel, bestimmte Charakteristika kehren leitmotivartig bei der Beschreibung dieser Ärzte wieder. An erster Stelle die Persönlichkeit als Arzt und Mensch, alle anderen Eigenschaften treten dahinter zurück: als Mensch in sich ruhend und bescheiden, primär nicht auf Erfolgserlebnisse oder Beifall von Kollegen oder Patienten bedacht.

An nächster Stelle das Einfühlungsvermögen, die Fähigkeit, sich in die Situation des Patienten hineinzudenken und auf den Patienten einzugehen. Erst danach finden sich bei diesen Ärzten Charakteristika wie großer beruflicher Einsatz, Zielstrebigkeit, wissenschaftliches Interesse, Selbstkritik und pädagogisches Sendungsbewusstsein.

Zusammenfassung
Vorbilder gesucht: Vorbildliche ärztliche Lehrer sind die Grundlage der Erziehung zum guten Arzt. Dabei müssen diese Lehrer nicht in allen, doch in den wichtigsten ärztlichen Eigenschaften Vorbilder sein.

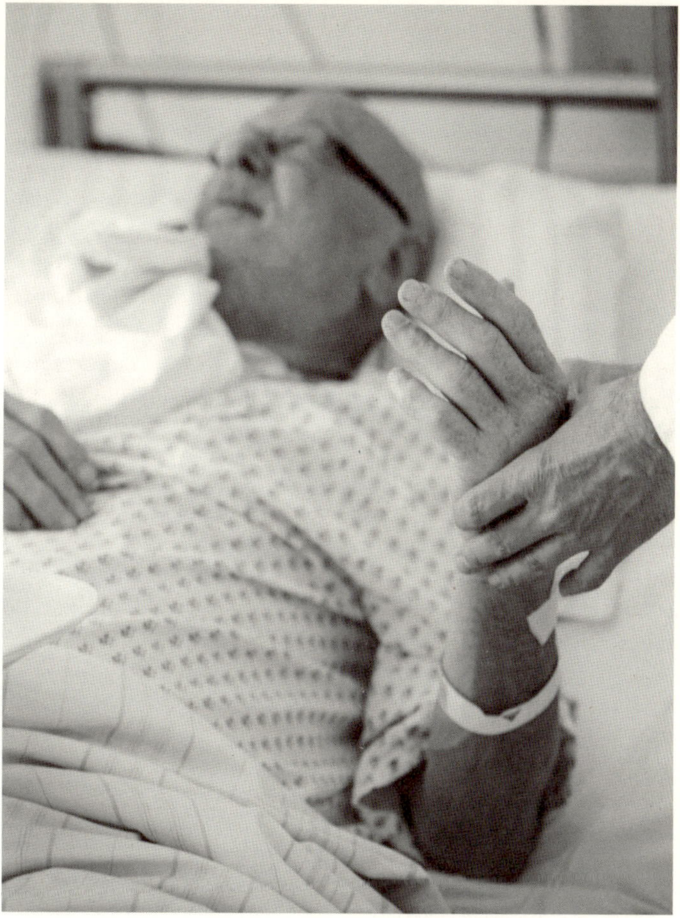

4 Was den guten Arzt ausmacht

Dies ist der größte Fehler bei der Behandlung von Krankheiten, dass es Ärzte für den Körper und Ärzte für die Seele gibt, wo doch beides nicht voneinander getrennt werden kann.

Platon

Nachdem ich versucht habe, an ärztlichen Vorbildern zu zeigen, worauf es mir ankommt, beschreibe ich im Folgenden ärztliche Eigenschaften und Verhaltensweisen, die zu einem guten Arzt gehören.

4.1 Sich für den anderen interessieren

Grundvoraussetzung ärztlicher Tätigkeit ist es, sich für seinen Mitmenschen zu interessieren. Dieses Interesse ist zunächst nicht ziel- oder zweckgerichtet. Es ist vielmehr Ausdruck einer Anteilnahme am Schicksal des anderen. Wer sich nur dann für den Mitmenschen interessiert, wenn er für sich selbst einen Nutzen erwartet, ist für eine ärztliche Tätigkeit ungeeignet.

Mit Interesse am Mitmenschen meine ich die Fähigkeit, zumindest vorübergehend von seinen eigenen Interessen abzusehen und sein Denken und Fühlen einem anderen Menschen zuzuwenden. Dieses Absehen von seinen eigenen Interessen vollzieht sich meist unbewusst und meint nicht unbedingt eine altruistische Grundeinstellung. Man kann dieses Interesse auch mit Offenheit gegenüber anderen Personen beschreiben. Es ist so etwas wie Neugier auf einen anderen Menschen.

Seinem Wesen nach ist eine solche Einstellung sowohl intellektuell als auch emotional. Eine der beiden Komponenten kann überwiegen. Die Mehrzahl aller Menschen besitzt diese Fähigkeit. Nach meiner Erfahrung fehlt sie häufig bei seelisch Kranken, abnormen Persönlichkeitsentwicklungen und nicht selten auch bei Einseitig- oder Hochbegabten.

Natürlich kann man auch ohne Interesse am Mitmenschen mit Einschränkung ärztlich tätig sein: Ich denke hier besonders an den Labor-Mediziner, der dem Patienten Laborbefunde erläutert. Ein Chirurg kann hervorragende handwerkliche Arbeit leisten, ohne sich besonders für den Patienten zu engagieren. Ebenso kann man als Wissenschaftler im medizinischen Bereich tätig sein, ohne spezielles Interesse am Mitmenschen zu haben. Ein guter Arzt allerdings muss nicht nur Interesse am Mitmenschen und dessen Schicksal haben, er muss es diesen auch spüren lassen. Der Patient besitzt eine feine Antenne dafür, ob dieses Interesse echt ist.

Zusammenfassung

Sich für den Mitmenschen bzw. Patienten zu interessieren ist Grundvoraussetzung ärztlicher Tätigkeit. Ohne diese Fähigkeit ist ärztliche Tätigkeit unmöglich. Dieses Interesse am Patienten ist Basis aller anderen ärztlichen Eigenschaften.

4.2 Zuwenden und Zuhören

Am deutlichsten äußert sich das Interesse am Mitmenschen in der Bereitschaft zuzuhören. Nicht anders ist es im Verhältnis zwischen Arzt und Patient. Zuhören ist der Schlüssel für einen Zugang zum Patienten. Der Arzt signalisiert seine Bereitschaft zuzuhören, indem er sich dem Patienten zuwendet – durch Körpersprache und Blickkontakt.

Vom Arzt erfordert das Zuhören Selbstdisziplin und Konzentration. Er gewinnt durch dieses Zuhören wertvolle Informationen, sodass aufmerksames Zuhören viel zur Diagnosestellung beiträgt. »Höre dem Patienten zu, er sagt dir die Diagnose« (so sinngemäß William Osler). Andererseits signalisiert der zuhörende Arzt seinem Patienten auf dessen oft unausgesprochenen Fragen: »Was meinen Sie zu meiner Krankheit? Was könnten Ihrer Meinung nach die Ursachen sein? Kann man mir helfen?« Ich nehme Sie ernst und versuche, Ihnen zu helfen.

Zuhören kann für den Arzt schwierig sein. Dank seines Informationsvorsprungs ahnt er meist, worauf die Klagen des Patienten hinauslaufen. Die unreflektierte Reaktion des Arztes: Er unterbricht den Patienten, lässt ihn nicht ausreden und versucht so, kostbare Zeit zu gewinnen – mit dem Ergebnis, dass dem Patienten das Wort im Halse steckenbleibt und das, was er eigentlich sagen will, im Kopf. Infolgedessen fühlt der Patient seine Worte und sich selbst geringgeschätzt und unverstanden.

Das Zuhören ist nicht nur eine Sache des Ohres, sondern auch des Auges und der Gesten. Das heißt: Der Arzt muss sein Zuhören durch Blickkontakt mit dem Patienten, durch seine Gesten und durch sein Verhalten glaubhaft machen. Ein Blick aus dem Fenster, das Studium der Patientenakte, das Hantieren am Computer oder mit Schreibwerkzeugen signalisieren dem Patienten ärztliches Desinteresse. Die ganze Person des Arztes muss auf den Patienten ausgerichtet sein. Hierdurch fühlt sich auch der Patient in seinen Aussagen zur Konzentration verpflichtet. Es entsteht beim Patienten das Gefühl einer persönlichen Beziehung, über die der

Patient seine Probleme dem Arzt vorbehaltlos vermitteln kann.

Unterstützt wird die Beziehung durch den unmittelbaren Körperkontakt zwischen Arzt und Patient bei der Untersuchung. Gerade beim ersten Patientenkontakt ist sie unverzichtbar. Die ärztliche Zugewandtheit wird auch durch Berühren des Patienten signalisiert. So wird durch die Hand des Arztes auf dessen Brust für Patienten deutlich, wie der Arzt seinem Herzen »nahe kommt«. Er gewinnt den Eindruck, der Arzt habe sein Herz oder ein anderes Organ in seiner Hand. Am Ende dieses Prozesses steht idealerweise das persönliche Vertrauensverhältnis zwischen Arzt und Patient. Dieses Vertrauensverhältnis ist Voraussetzung dafür, dass der Arzt dem Patienten ein plausibles Konzept für die notwendige Diagnostik und Therapie vermitteln kann. Nur unter solchen Umständen wird der Patient auch ein unbequemes diagnostisches und therapeutisches Programm akzeptieren.

Warum misslingt dieser Schritt der Kontaktaufnahme zwischen Arzt und Patient so häufig?

Der Arzt hat kein Interesse am Schicksal seines Patienten. Das Interesse muss nicht nur auf die Krankheit, sondern auch auf die Person des Patienten gerichtet sein. Der Arzt ist nicht in der Lage, sein Interesse dem Patienten zu vermitteln. Es stehen ihm offensichtlich die erlernbaren Fertigkeiten nicht zur Verfügung, dem Patienten dies deutlich zu machen.

Der Arzt hat grundsätzlich Interesse am Patienten und verfügt auch über die entsprechenden Techniken, dieses zu vermitteln, scheut aber Zeit und Aufwand, sein Interesse deutlich werden zu lassen. Er ist nicht bereit, Zeit für den Patienten »zu opfern«.

Der letztgenannte Prototyp des ärztlichen Fehlverhaltens ist leider häufig. Verantwortlich sind Zeitmangel, Nachlässigkeit und falsche Einschätzung der Patientenbedürfnisse. Dieser Arzt macht sich nicht klar, wie wichtig das Eingangsgespräch zwischen Arzt und Patient ist: Der Patient liefert Informationen über seine Beschwerden und seine Krankheit und erleichtert damit die weitere Diagnostik.

Der Patient macht deutlich, was für ihn wichtig ist, wie er Beschwerden und Krankheit in seinem Alltag einordnet und wo er der ärztlichen Hilfe bedarf.

Der Patient erleichtert sein Herz durch seine Schilderung, indem er ohne Hemmungen und Rücksichtnahmen das äußert, was ihn bedrückt.

Fallbeispiel

Herr W., 68 Jahre alt, ist auf unser erstes Gespräch bestens vorbereitet. Um ja nichts zu vergessen, liest er aus seinen Aufzeichnungen vor. Während des Gesprächs überreicht er mir ein Blatt Papier, in dem Beschwerdebild und Fragen – farbig unterlegt – ausführlich dokumentiert sind. Eigentlich könnte ich auf das weitere Gespräch verzichten, die Aufzeichnungen sagen alles. So könnte ich viel Zeit einsparen. Ich muss mich geradezu zusammenreißen, um beide Informationen, die verbale und die schriftliche, in Ruhe abzuwarten. Offensichtlich hatte Herr W. bei keinem der vorbehandelnden Ärzte Gelegenheit, sich so ausführlich und ungehindert mitzuteilen. Wie es scheint, ist Herr W. über alle Maßen erleichtert, sein Beschwerdebild nun auch mündlich darzustellen, ohne dass seine Rede unterbrochen wird. Am Ende seiner Schilderung atmet er tief durch. »Was sagen Sie dazu, Herr Professor? Können Sie mir helfen?«

Nach einer bewusst kleinen Pause schaue ich ihm gerade ins Gesicht und antworte kurz: »Ja, ich kann, da bin ich mir sicher.« Zum zweiten Mal atmet er durch, während sich sein Gesichtsausdruck merklich entspannt. Man kann ihm die Erleichterung geradezu anzuse-

hen. Um seiner Schilderung noch mehr Bedeutung zu verleihen, frage ich nach diesem und jenen Detail. Herr W. merkt, dass ich zugehört und seine Schilderung ernstgenommen habe.
Das alles hat sich vor 25 Jahren abgespielt und ist der Ausgangspunkt unserer lange dauernden vertrauensvollen Arzt-Patient-Beziehung geworden.

Zusammenfassung
Sich dem Patienten zuzuwenden, ihm zuzuhören, seine Worte trotz des ärztlichen Informationsvorsprungs ernstzunehmen, ist Ausgangspunkt einer gelingenden Beziehung zwischen Arzt und Patienten.

4.3 Sich einfühlen

»Der Arzt kümmert sich nicht um die Krankheit, sondern um den Patienten, der an der Krankheit leidet.«

Maimonides

Die Fähigkeit, sich einzufühlen, benötigt der Arzt auf allen Ebenen seiner Tätigkeit. Das beginnt mit dem ersten Kontakt zwischen Arzt und Patient. Der Arzt muss erahnen, was der Patient von ihm erwartet. Er sollte sich schon beim ersten Gespräch darüber Gedanken machen, mit welchen Vorstellungen und Erwartungen der Patient zu ihm kommt.

Auf den ersten Kontakt kommt es an. Der Zugang zum Patienten ist von diesem ersten intuitiven Kontakt abhängig. Wenn dieser nicht gelingt, wird es nach aller Erfahrung auch in Zukunft kaum zu einer tragfähigen Beziehung zwischen Arzt und Patient kommen.

Einfühlungsvermögen benötigt der Arzt auch beim weiteren diagnostischen Vorgehen. Er muss erahnen, welche diagnostischen Verfahren für den Patienten akzeptabel sind und welche Maßnahmen von welchem Patienten bevorzugt werden. Einige Patienten beanspruchen sehr viel Diagnostik, andere Patienten schrecken vor jeder weiteren diagnostischen Maßnahme zurück. Auch das muss der Arzt bei der Auswahl der diagnostischen Schritte berücksichtigen, ohne sich die diagnostischen Maßnahmen vom Patienten diktieren zu lassen.

Der Bedarf an ärztlichem Einfühlungsvermögen ist mit der Diagnostik nicht erschöpft. Danach kommt es darauf an, dem Patienten die Ergebnisse der Diagnostik in verständlicher Form deutlich zu machen. Nicht jeder Patient verträgt im ersten Gespräch den Schock einer ungünstigen Diagnose. Es bedarf ärztlichen Einfühlungsvermögens, ihn auf eine schwerwiegende Diagnose vorzubereiten, ihn quasi zu einer solchen hinzuführen. Besonders viel Fingerspitzengefühl verlangt die Vermittlung folgender Diagnosen: ausgedehnte, inoperable Tumorerkrankung, schwere fortgeschrittene Arteriosklerose, Demenz, Multiple Sklerose oder Herzschwäche im fortgeschrittenen Stadium. Richtschnur einer solchen Patienteninformation muss es sein, niemals den Lebensmut des Patienten zu zerstören oder ihm jede Hoffnung zu nehmen. Einfühlungsvermögen verbietet es auch, den Patienten schon zu diesem frühen Zeitpunkt über eine Einschränkung der Lebenserwartung zu informieren. Selbst bei gezieltem Nachfragen sollte der Arzt entsprechende Fragen nur mit großer Zurückhaltung und niemals mit exakten Angaben beantworten.

Besonders problematisch ist die Überbringung psychiatrischer und psychopathologischer Diagnosen. Intuitiv muss der Arzt erfassen, wie er dem Patienten eine solche Diagnose verständlich machen kann, denn bei wenig einfühlsamem Vorgehen besteht die Gefahr, dass der Patient die Diagnose nicht akzeptiert und als Folge den Arztkontakt abbricht.

Andere Patienten benötigen von Anfang an eine eindeutige und klar ausgesprochene Diagnose. Der Arzt muss erspüren, welcher Patient ein solches Vorgehen verträgt, ja für welchen Patienten eine solche Information sogar notwendig ist, um ihn für weitere Diagnostik und Therapie »bei der Stange zu halten«.

Auch das therapeutische Vorgehen muss dem Patienten mit Sensitivität und Behutsamkeit nahegebracht werden. Grundlage ist die Information des Patienten über für die infrage kommenden Therapieverfahren. Welches der Therapieverfahren am ehesten vom Patienten akzeptiert wird – meist gibt es mehrere Alternativen –, sollte der Arzt aufgrund seiner Einschätzung der Persönlichkeit des Patienten vorausahnen. Meist ist es sinnvoll, dem Patienten mehrere therapeutische Alternativen zu schildern und ihm die jeweiligen Vor- und Nachteile des therapeutischen Vorgehens darzustellen. Auf diese Weise kann man einen Patienten auf die vom Arzt beabsichtigte Therapie behutsam hinlenken.

Zum Einfühlungsvermögen des Arztes gehört es auch, den Patienten nicht durch unbedachte Äußerungen unnötig zu verletzen oder zu verschrecken wie: »Sie sehen aber krank aus.« Diese oder ähnliche Etikettierungen sollte der Arzt unbedingt vermeiden. Sie können den Patienten traumatisieren und evtl. erst »richtig krank machen«. So war dem Patienten H. bei einer echokardiografischen Untersuchung mitgeteilt worden, in seiner rechten Herzkammer sei etwas, »was da nicht hingehöre«. Diese Vorstellung setzte sich derart beim Patienten fest, dass er sie über viele Jahre nicht vergessen konnte und immer wieder Nachkontrollen des Befundes forderte. Auch die spätere Feststellung, dass es sich um einen Befund ohne Krankheitswert handelte, konnte ihn jahrelang nicht beruhigen.

Ein besonders intensives Sich-Einfühlen: Mitleiden

Eine intensivere Art des Sich-Einfühlens ist es, sich in die Lage des Patienten zu versetzen: Ich könnte du sein. »Ich fühle mich in die Situation des Patienten ein, ich versetze mich in seine Lage, ich leide mit ihm.« Hierzu sollte ein Arzt grundsätzlich in der Lage sein. Nicht immer und bei allen Patienten erforderlich, trägt es bei anderen Patienten entscheidend zum Therapieerfolg bei.

Nur wer als Arzt zumindest den Versuch unternimmt, sich in die Lage seines Patienten zu versetzen, kann verstehen, wie der Patient seine Erkrankung verarbeitet und wie diese in dessen Leben eingreift, und er wird erkennen, ob der Patient mit seiner Krankheit seelisch »fertig wird«. Dieses Sich-in-die-Lage-des-Patienten-Versetzen ist dann besonders wichtig, wenn ein Patient mit einer chronischen Krankheit seinen Arzt immer wieder aufsucht. Der Arzt wird in den Krankheitsablauf – ob er will oder nicht – mit einbezogen. Der Patient spürt die Anteilnahme des Arztes, und er spürt, ob er sich seiner annimmt. So wird aus dem Sich-in-seine-Lage-Versetzen ein Mitgefühl und Wir-Gefühl und schließlich, im Einzelfall, ein Mitleiden.

Der große Zeitaufwand und die seelische Belastung des Arztes, die hiermit verbunden sind, werden reichlich durch die Anhänglichkeit des Patienten belohnt. Kein guter Arzt wird sich einem solchen Verhältnis mit dem Argument entziehen, er könne die damit verbundenen seelischen Belastungen nicht ertragen. Im Gegenteil, derartige Beziehungen zu einzelnen Patienten geben der ärztlichen Tätigkeit m. E. einen besonderen Sinn. Wenn man sich auf eine mitfühlende Beziehung zu einem Patienten einlässt, kann es passieren, dass man – meist ohne es zu wollen – vom einfühlenden zum mitleidenden Arzt wird. Es sollte sich dabei um ein beherrschbares und kalkulierbares Mitleiden handeln, bei dem der Arzt zwar tief betroffen, aber nicht handlungsbeeinträchtigt ist. Wie betroffen man als Arzt durch einen Krankheitsverlauf ist, lässt sich zu Beginn nicht voraussagen. Auch Sympathie für den Kranken und dessen Familie spielen eine Rolle.

Das persönliche Engagement für einen Patienten im Sinne von Mitleiden ist häufig der Schlüssel für den Zugang zu einem chronisch Schwerkranken. Um dies dem Patienten deutlich werden zu lassen, muss der Arzt zeigen, dass er persönlich von der Krankheit berührt ist. Dieses Mitleiden beginnt häufig mit dem Zuhören. Auch in dieser Situation ist dies nicht so einfach, wie es zunächst erscheint. Es erfordert vom Arzt Geduld und Disziplin, manchmal auch Leidensfähigkeit, da er gerne weitschweifige Monologe und Wiederholungen seiner Patienten unterbrechen würde. Gerade in dieser Situation bedeutet Zuhören für den Schwerkranken: Er nimmt sich für mich Zeit, er nimmt mich ernst, er gibt mir noch eine Chance! Während das Sich-Engagieren als ärztliche Eigenschaft unumstritten ist, ist die Fähigkeit eines Arztes, mit einem Patienten mitzuleiden, durchaus umstritten. Für einen Arzt ist es unmöglich, mit all seinen Patienten mitzuleiden – zumal dann, wenn man sie nur selten erlebt. Mitleiden setzt eine Gemeinsamkeit von Patient und Arzt über einen bestimmten Zeitraum voraus, meist Monate oder Jahre. In dieser Zeit entwickelt sich häufig ein persönliches Verhältnis, auch dann, wenn dieses nicht im Gespräch artikuliert wird. Wie in einer freundschaftlichen Beziehung weiß jeder der beiden Blicke, Bewegungen, Bemerkungen und Handlungen ohne zusätzliche Worte zu deuten. Es entwickelt sich etwas »Selbstverständliches«.

Verliert man durch eine solche Beziehung die notwendige Distanz? Ist damit eine sachgemäße ärztliche Beurteilung behindert? Theoretisch mag dies der Fall sein, persönlich habe ich dies ebenso wie andere Kollegen nie als Problem empfunden. So sehr man auch in das Schicksal seines Patienten verwickelt ist, so fehlt es doch nicht an Kraft im entscheidenden Augenblick, die persönliche Beziehung hintanzustellen und ärztlich nach sachlichen Gesichtspunkten zu urteilen. Dies gelingt in kritischen Situationen selbst gegenüber kranken Freunden oder Familienangehörigen.

Welchen Sinn und Nutzen hat ein solches Mitleiden?

Die positiven Auswirkungen für den Patienten bedürfen kaum einer Erläuterung. Nichts ist für den Patienten hilfreicher als ein Arzt, der sich in seine Situation versetzen kann oder sogar in der Lage und Willens ist, mit ihm zu leiden. Allerdings wird in dieser Situation auch deutlich, dass der Patient und seine Krankheit nicht gleichgesetzt werden dürfen. Jeder Patient präsentiert seine Krankheit im Rahmen seiner Persönlichkeit und seiner Weltanschauung. Er bringt meist auch zum Ausdruck, wie er die Krankheit zu bewältigen gedenkt. Dies muss der Arzt in seine Überlegungen miteinbeziehen und entsprechend sein Mitleiden spürbar machen.

Ich glaube nicht, dass es für den leidenden Patienten etwas Tröstenderes und Stimulierenderes gibt als einen Arzt, der mit ihm empfindet und im Extremfall sogar mit ihm leidet. Der Nutzen für den Patienten steht außer Frage. Andererseits wird kein Arzt auf die Idee kommen, dem Patienten ein Mitfühlen oder Mitleiden anzutragen, das dieser nicht wünscht. Oder wie Karl Jaspers sich ausdrückt:

»Das Höchste, was ihm [dem Arzt] hie und da gelingt, ist Schicksalsgefährte zu werden mit dem Kranken, Vernunft mit Vernunft, Mensch mit Mensch, in den unberechenbaren Grenzfällen einer zwischen Arzt und Kranken entstehenden Freundschaft.«

Karl Jaspers 1967

Fallbeispiel

Normalerweise fällt es mir nicht schwer, mich in die Situation eines Patienten einzufühlen. Wenn mir das spontan nicht gelingt, gebe ich mir alle Mühe.

Bei Frau G. fällt mir beides schwer. Sie ist mir von Anfang wenig sympathisch. Mit allem ist sie unzufrieden, immer wieder beschwert sie sich über dieses und jenes. Meist ist dies aus meiner Sicht Nebensächliches. Forsch betritt sie mein Sprechzimmer – ich bin fest entschlossen, ihr unverblümt meine Meinung zu sagen. Ohne zu wissen, weshalb, zügele ich mich und trete ihr ausgesprochen höflich und freundlich entgegen.

Mit dieser Geste nehme ich ihr offensichtlich den Wind aus den Segeln. Ich entschuldige mich vorab über Unzulänglichkeiten und mögliche Fehler im Ablauf des Praxisbetriebs, ohne ihre Reaktion abzuwarten.

Stattdessen gebe ich ihr das Gefühl, mich unmittelbar mit ihren medizinischen Problemen zu beschäftigen. Dabei wird mir immer klarer, wo die Ursachen für ihre Unzufriedenheit und Aggressivität liegen. Diese Patientin – obwohl anspruchsvoll und unsympathisch – ist im Grunde ein ganz »armer Teufel«. Meine anfängliche Aggressivität, die ich Gott sei dank unterdrücken konnte, wandelt sich in Verständnis, ja in Mitleid. Verlassen vom Ehemann, geschnitten und gemieden von ihren Kindern, fristet sie seit Jahren ein einsames Leben. Auch mit ihrer Krankheit steht sie allein, ohne jede Hilfe von Familie oder Freunden. Bei Ärzten findet sie ebenfalls kein Verständnis. Sie ist ohne jeden seelischen Beistand. Obwohl sie dafür sicherlich zum Teil selbst verantwortlich ist, regt sich in mir Mitgefühl und das Bedürf nis, ihr zu helfen. Ich fühle mich in ihre Situation ein, gelange zu größerer Einsicht und versuche, ihr in ihrer seelischen Misere zu helfen – nicht nur mit ihrer Herzkrankheit.

Zusammenfassung
Einfühlungsvermögen benötigt der Arzt auf allen Ebenen seiner Tätigkeit: bei der ersten Begegnung mit dem Patienten, bei der Untersuchung, bei der Interpretation der Untersuchungsergebnisse und bei der Erläuterung der therapeutischen Möglichkeiten.

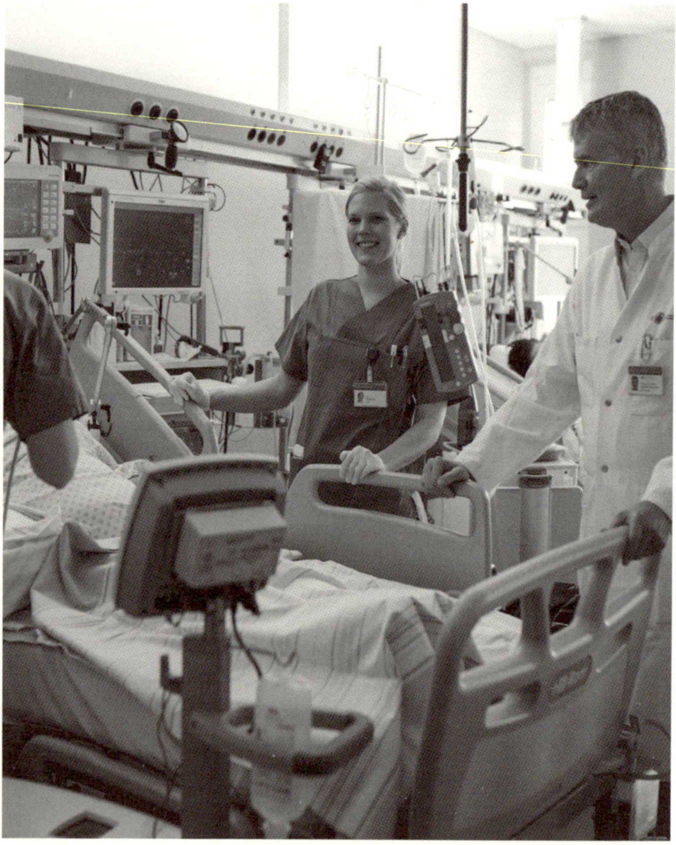

4.4 Vertrauen gewinnen und Sicherheit geben

Das Vertrauen des Patienten gewinnt der Arzt, indem er sich um ihn kümmert, sich seiner annimmt und für ihn da ist. Das sind Verhaltensweisen, die viele Patienten heute an ihren Ärzten vermissen. Äußere Zeichen derartiger Defizite im Verhältnis zwischen Arzt und Patient sind:

- Der Arzt hat den Namen des Patienten vergessen bzw. sich nicht entsprechend vorab informiert.
- Der Arzt verwechselt den Namen des Patienten mit anderen, ähnlich klingenden.
- Der Arzt hat die Vorgeschichte des Patienten vergessen.
- Der Arzt erinnert sich nicht mehr an die von ihm veranlasste Therapie.

Ein kurzer Blick in die Akte des Patienten vorab hätte genügt, um all diese Informationen parat zu haben und dem Patienten den Eindruck zu vermitteln, sich sicher und gut betreut zu fühlen – ein Aufwand, der für den Arzt nicht zu groß ist. Zu den vetrauensbildenden Maßnahmen gehört auch, dem Patienten das Gefühl zu vermitteln, dass er willkommen ist, auch dann, wenn er unangemeldet in der Sprechstunde oder im Krankenhaus erscheint. Der Patient kommt ja in der Regel nur dann, wenn er Probleme hat. Tenor sollte zunächst sein: »Wir lösen Ihr Problem und helfen Ihnen, wir sind für Sie da.« Daher hat der Arzt dafür zu sorgen, dass der Patient in dieser Situation nicht von übereifrigen und unfreundlichen Sprechstundenhilfen oder Sekretärinnen abgewiesen wird: »Sie haben keinen Termin, der Arzt hat leider heute keine Zeit, er ist völlig überlastet.« Gerade für chronisch Kranke muss immer so viel Zeit sein, um mit ihnen zumindest kurz zu sprechen und einen nächstmöglichen Termin zu vereinbaren.

Zu dem Ziel, sich seiner Patienten anzunehmen, sich um seine Patienten zu sorgen, gehört auch, auf den Patienten zuzugehen, wenn dieser zögert oder sich aus falsch verstandener Bescheidenheit nicht an den Arzt wendet. Manche Patienten benötigen geradezu eine Ermunterung, den Grund ihres Erscheinens deutlich zu machen.

Besonderer Zuwendung bedürfen Patienten, die vereinsamt oder isoliert von ihrer Umwelt leben. Sie haben häufig verlernt, ihre Beschwerden anderen mitzuteilen. In der Regel gehen sie mit ihren Erkrankungen nachlässig um und entziehen sich nicht selten ärztlicher Behandlung. Alles das könnte Mitursache dafür sein, dass die Lebenserwartung dieser Menschen – Alleinlebende, Geschiedene, Verwitwete – im Mittel deutlich kürzer ist als die von Personen, die in fester Bindung leben. Umso mehr benötigen diese Menschen ärztliche Zuwendung. Nicht selten muss der Arzt geradezu »eine Wand durchbrechen«, um zum Problem dieser Patienten vorzudringen. Hat er dies erreicht, wird er gelegentlich zur entscheidenden Bezugsperson dieser Menschen. Dies zumindest für die Zeit, die zur Besserung ihrer Gesundheit notwendig ist.

Vertrauen gewinnen bedeutet auch, sich um die seelischen Probleme des Patienten zu kümmern, die durch die Krankheit hervorgerufen oder verstärkt wurden. Viele Patienten mit chronischen Krankheiten leiden zusätzlich unter Depressionen oder Angststörungen. Diese finden häufig, obwohl sie die Beschwerden des Patienten im Alltag prägen, im ärztlichen Gespräch und in der Therapie keine Berücksichtigung. Gleiches gilt für sozialmedizinische und versicherungsrechtliche Fragen. Die körperlichen und seelischen Probleme der chronisch kranken Patienten sind häufig so mannigfaltig und komplex, dass sich auch der Spezialist – und nicht nur der Hausarzt – dieser Probleme annehmen muss. Der Patient benötigt die Betreuung durch beide, den Hausarzt und den Spezialisten, beide müssen das Gesamtkrankheitsbild des Patienten im Auge haben.

Warum funktioniert dies im Alltag so schlecht? Warum fühlen sich viele der chronisch Kranken so wenig umsorgt?

Sich um den Patienten zu kümmern ist als konkretes ärztliches Ideal wenig attraktiv. Auch in der medizinischen Presse findet dieses Sich-Kümmern deutlich weniger Resonanz als neue therapeutische Verfahren oder Medikamente. »Sich seines Patienten anzunehmen« ist unspektakulär, zeitaufwändig und wird nur unzureichend bzw. gar nicht honoriert. Vertrauensfördernd wirkt sich aus, dass der Arzt erreichbar ist. Wenn nicht er selbst, so doch ein fachkompetenter Vertreter, der Einsicht in die Unterlagen des Patienten nehmen kann. Vertrauensfördernd empfindet der Patient auch, dass ihm belastende Besuche in der Notfallaufnahme einer Klinik erspart werden.

Es gibt dem Patienten Sicherheit, wenn sein Arzt »etwas darstellt«. Er muss etwas darstellen, auf das man nicht nur vertrauen kann, sondern vor dem man auch Respekt hat. Besser noch: Der Arzt sollte nicht nur etwas darstellen, sondern sollte Ausstrahlung haben. Zweifellos gibt es Menschen, die über eine solche Ausstrahlung (Charisma) verfügen, die andere für sich einnehmen können. Verfügt ein Arzt über Charisma, kann dies seine ärztliche Tätigkeit wesentlich erleichtern. Vielfach erscheint ein solcher Arzt den Patienten wie ein begnadeter Heiler. Bei ihm fühlt er sich sicher und geborgen und legt sein Schicksal in dessen Hände. Der Patient ist bereit, dessen Vorschläge bedingungslos zu akzeptieren. Aber darin liegt auch die Gefahr der sogenannten charismatischen Arztpersönlichkeit. Insbesondere dann, wenn das Charisma größer als die Fachkompetenz ist.

Worin liegt das Wesen dieses Charismas? Nicht in der fachlichen Qualifikation oder in der individuellen ärztlichen Fähigkeit, sondern in einer weitgehend rational nicht begründbaren Ausstrahlungskraft. Sie hat mit Persönlichkeit und Auftreten mehr zu tun als mit ärztlicher Qualifikation. Natürlich kann Charisma als zusätzliche ärztliche Eigenschaft von Nutzen sein, ist aber hochgradig missbrauchsgefährdet. Aus meiner Sicht ist eine vom Patienten hochgeschätzte ärztliche Tätigkeit auch dann möglich, wenn der Arzt über kein besonderes Charisma verfügt.

Keinesfalls darf der Arzt ein Selbstdarsteller sein, dem es im Wesentlichen um seine eigene Person geht und dem es darauf ankommt, den Patienten zu beeindrucken. Er sollte vielmehr Autorität und Ruhe ausstrahlen, um dem Patienten Sicherheit zu geben. Der Patient sollte schon bei der ersten Begegnung spüren: Meine Probleme sind bei diesem Arzt gut aufgehoben, er wird mir helfen. Zum Sicherheitgeben gehört auch, dass der Arzt neben der Ruhe auch Gelassenheit ausstrahlt. Ebenso muss er dem Patienten den Eindruck vermitteln, sich im Augenblick ausschließlich auf ihn zu konzentrieren.

Sicherheit vermittelt auch entschiedenes Auftreten und klare Worte, die den unentschlossenen Patienten dazu bringen, den Vorschlägen des Arztes zu folgen. Entschlossenes Auftreten ist nicht gleichbedeutend mit Druck oder Bevormundung. Drohgebären gehören nicht in das Repertoire eines guten Arztes. Der Arzt sollte sich seines »imponierenden Eindrucks« auf den Patienten niemals zu sicher sein. Zu große Selbstsicherheit und Selbstgefälligkeit wird vom Patienten leicht als Arroganz und Abgehobenheit empfunden. Wichtigtuerei, großspuriges Auftreten und Selbstverliebtheit gehören ebenfalls nicht zum Bild des guten Arztes.

Ebenso ungünstig wie allzu große Selbstsicherheit ist eine offensichtliche Unsicherheit des Arztes. Mancher Anfänger hat mit diesem Problem zu kämpfen. Einem ängstlichen Arzt wird kein Patient vertrauen. Die Unsicherheit des Arztes überträgt sich auf seinen Patienten. Wer seinem Patienten Sicherheit geben möchte, sollte seelische Verletzungen zu vermeiden. Kein Arzt will seinen Patienten bewusst bzw. absichtlich seelisch verletzen. Umso häufiger sind Verletzungen aus Unkenntnis oder Unachtsamkeit. Offensichtlich besteht hierzu im Kontakt zwischen Arzt und Patient reichlich Gelegenheit. Beim ersten Gespräch, bei der Erhebung der Anamnese, bei der Erläuterung der Untersuchungsbefunde sowie bei der Besprechung der therapeutischen Maßnahmen und der Prognose. Hier einige Beispiele:

- Der Arzt lässt den Patienten nicht zu Wort kommen.
- Er unterbricht ihn in seiner Rede, geht nicht auf deren Inhalt ein, beschäftigt sich während des Zuhörens mit anderen Dingen.
- Der Arzt geht über die vom Patienten geklagten Beschwerden kommentarlos hinweg.
- Der Arzt schenkt mitgebrachten Befunden und Aufzeichnungen des Patienten keine Aufmerksamkeit.

Das empfindet der Patient zu Recht als kränkend. Dies umso mehr, als der Patient meist gut vorbereitet in der Sprechstunde erscheint. Er hat sich häufig einen genauen Plan gemacht, wie er seine Beschwerden und Befunde dem Arzt vortragen will.

Fallbeispiel

Zu meinen Aufgaben als junger Facharzt für Kardiologie gehört es, EKGs aus den Kliniken der Inneren Medizin zu beurteilen. Immer wieder fällt mir das EKG eines Patienten aus der Klinik für Nephrologie und Hochdruckerkrankungen auf. So häufige ventrikuläre Herzrhythmusstörungen habe ich bislang nicht gesehen, praktisch in jedem EKG dokumentiert.

Die betreuenden Ärzte sind aufmerksam geworden und informieren den Patienten W. über diesen ungewöhnlichen EKG-Befund. Subjektiv hat W. diese Herzrhythmusstörungen überhaupt nicht bemerkt. Gut gemeinte, aber unüberlegte Bemerkungen der betreuenden Ärzte machen den Patienten unruhig und ängstlich: »Ihre Herzrhythmusstörungen können gefährlich und Warnzeichen eines drohenden plötzlichen Herztods sein.« Verständlicherweise ist W. maximal irritiert und beunruhigt und verlangt, einen Kardiologen zu sprechen.

Wenige Tage später sucht mich W. in meiner Sprechstunde auf. Er ist total »aufgelöst«. Die Herzrhythmusstörungen hat er nie gespürt, und jetzt soll er durch einen plötzlichen Herztod bedroht sein. Er kann es einfach nicht glauben, aber spürt auch als Folge der »Aufklärung« zunehmend die Stolperschläge, die er früher nie bemerkt hat.

Ich selbst halte das Risiko für einen plötzlichen Herztod für gering und versuche W. zu überzeugen, dass er durch seine Herzrhythmusstörungen nicht gefährdet ist. Es ist ein langer Prozess, bis er mir schließlich Vertrauen schenkt und sich unter meiner Betreuung sicher fühlt. Ich mache ihm deutlich, dass die Behandlung seines Bluthochdrucks und seiner zunehmend eingeschränkten Nierenfunktion viel wichtiger ist als die Behandlung seiner Herzrhythmusstörungen.

Er lebt mit seinen Herzrhythmusstörungen weiter, gewinnt zunehmend Vertrauen zu den behandelnden Ärzten und erlangt seine alte Sicherheit zurück.

Zusammenfassung

Voraussetzung einer erfolgreichen Patientenbetreuung ist ein längerfristiges Vertrauensverhältnis zwischen Patient und Arzt. Dieses muss durch den Arzt schrittweise aufgebaut werden. Zu dieser Ver trauensbildung gehört, dass sich der Arzt engagiert, um seinen Patienten kümmert und ihm dank seiner ärztlichen Autorität Sicherheit gibt.

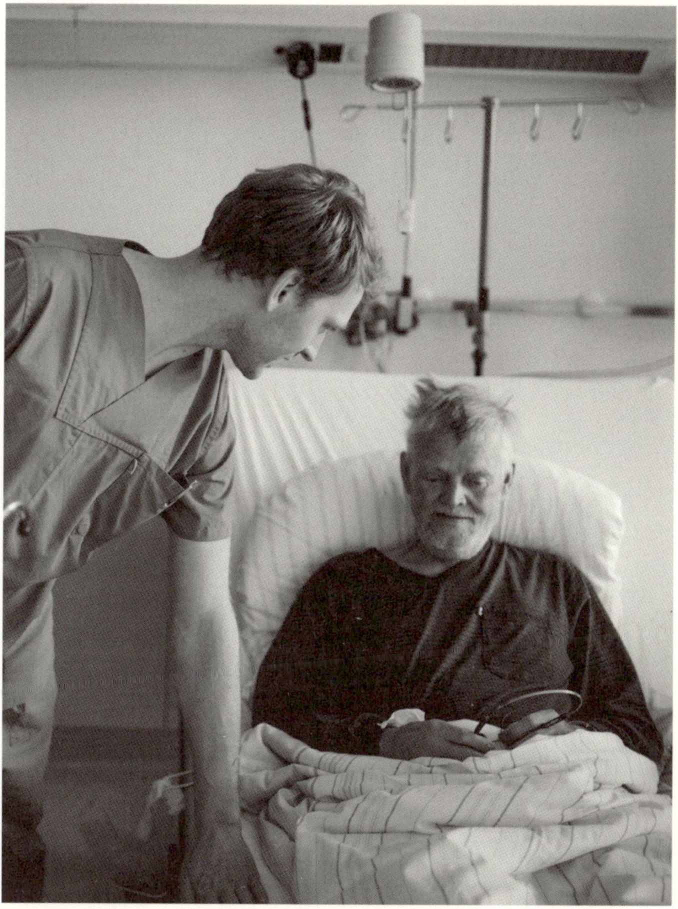

4.5 Urteilen und entscheiden

Nichts führt im Alltag des Arztes daran vorbei, eine klare Diagnose zu stellen. Ihr liegt ein Urteil auf der Basis aller Befunde zugrunde. Die Diagnose ergibt sich jedoch nicht automatisch, sie erfordert vielmehr eine Gewichtung von persönlichen Eindrücken und Untersuchungsbefunden.

Bei der Urteilsbildung für den einzelnen Patienten werden Diagnosen und Differenzialdiagnosen abschließend nach statistischen Wahrscheinlichkeiten und nach persönlicher Erfahrung des Arztes gewichtet. Nach allgemeiner Vorstellung ist ein Arzt »umso besser«, aus je weniger Befunden er die richtige Diagnose stellt. Allerdings ist dieses eher intuitive Vorgehen mit einem erhöhten Risiko von Fehldiagnosen verbunden.

Doch selten ist das diagnostische Urteil einfach, ebenso selten wie die »Blickdiagnose«: Man schaut den Patienten nur an oder sieht wenige Befunde, schon ist die Diagnose gestellt. In aller Regel ist es im Alltag anders, die Urteilsbildung fällt schwer, oft muss sich der Arzt geradezu zu einem Urteil durchringen – fast immer bleiben letzte Zweifel.

Manchmal kommt der Arzt trotz aller Bemühungen nicht zu einer eindeutigen Diagnose. Es bleiben vielmehr verschiedene Differenzialdiagnosen, die alle mit einer etwa gleichen Wahrscheinlichkeit zum Krankheitsbild des Patienten »passen«. Auch diese Feststellung ist ein ärztliches Urteil.

Die Konsequenzen können unterschiedlich sein:

- gezielte weitere diagnostische Maßnahmen,
- Verzicht auf weitere Diagnostik,
- Zuwarten und Verlaufsbeobachtung oder
- eine probatorische Therapie.

Häufig wird eine Therapie eingeleitet, die gegenüber möglichst vielen Differenzialdiagnosen wirksam ist. Post hoc, je nach Ansprechen des Patienten auf die Therapie, kann dann ex juvantibus eine Aussage zur wahrscheinlichsten Diagnose gemacht werden. Je nach Therapieerfolg muss diese dann abgebrochen oder modifiziert werden. Oft ist es in schwierigen, diagnostisch unklaren Fällen sinnvoll, sich bei der Diagnosefindung nicht auf einen Arzt allein zu verlassen. Dann sollte weiterer ärztlicher Sachverstand (z.B. als Zweitmeinung) hinzugezogen werden. Das abschließende Urteil ist Sache des behandelnden Arztes. Ein guter Arzt ist der, der über Urteilsvermögen verfügt, aber auch die Meinungen anderer Fachleute berücksichtigt.

Ein ärztliches Urteil ist nicht nur bei Stellung der Diagnose, sondern ebenfalls bei Auswahl der Therapie und Einschätzung der Prognose gefragt. Auch hier ergibt sich das Urteil keinesfalls automatisch aus der gestellten Diagnose. Für jede Diagnose gibt es unterschiedliche therapeutische Ansatzpunkte und auch verschiedene prognostische Bewertungen. Für die Beurteilung der therapeutischen Möglichkeiten und der Prognose spielen weniger die analytischen Fähigkeiten des Arztes als Fachwissen, Erfahrung und psychologisches Einfühlungsvermögen eine Rolle.

Der Arzt sollte sich über Folgendes im Klaren sein: Während sein Urteil im therapeutischen und prognostischen Bereich zumindest teilweise revidierbar und korrigierbar ist, trifft dies auf die Diagnose nicht zu. Legt er sich einmal auf eine bestimmte Diagnose fest, wird diese nur dann als nicht zutreffend erkannt und ggf. korrigiert, wenn die ergriffene Therapie nicht wirksam ist.

Entscheidungen treffen

Ärztliche Tätigkeit ohne Entscheidungen zu treffen ist undenkbar. Voraussetzung für eine ärztliche Entscheidung ist neben der richtigen Einschätzung eines Sachverhaltes die Fähigkeit, sich ein Urteil zu bilden. Eine Entscheidung ergibt sich jedoch nicht automatisch aus dem Urteil. Eine Entscheidung muss auch dann gefällt werden, wenn Zweifel an der Richtigkeit eines Urteils bleiben. Der Arzt muss unter den diagnostischen und therapeutischen Alternativen jene wählen, die ihm die relativ besten zu sein scheinen. Wie beim diagnostischen Urteil ist eine derartige Entscheidung meist einmalig und nicht rückgängig zu machen. Ganz anders als eine Schlussfolgerung bei wissenschaftlichen Fragestellungen ist die ärztliche Entscheidung nicht Ausgangspunkt einer neuen Arbeitshypothese, sondern für den Patienten einmalig. Sie kann über Leben und Tod entscheiden.

Um derartige Entscheidungen zu treffen, bedarf es einer besonderen Fähigkeit, einer Bereitschaft, sich festzulegen, gerade in Anbetracht der niemals auszuräumenden Restzweifel und Unsicherheit des ärztlichen Urteils. Dabei ist sich der Arzt meist der Tatsache bewusst, dass er bei Diagnosestellung und Festlegung des weiteren Vorgehens »Richter und Henker in einer Person« ist. Er fällt das Urteil und muss dieses auch umsetzen.

Da die Verantwortung enorm und die Tragweite von Fehlentscheidungen den meisten Ärzten wohl bewusst ist, zögern viele Ärzte Konsequenzen aus ihrem Urteil zu ziehen. Sie vertagen eine Entscheidung, warten auf weitere Erkenntnisse, beraten sich immer wieder mit Kollegen und hoffen, dass sich eine Entscheidung schließlich von selbst ergibt. Dabei geht häufig Zeit verloren, die dem Patienten das Leben kosten kann. Andererseits besteht die Gefahr, dass der Arzt unter dem Druck, ein Urteil umsetzen zu müssen, dies voreilig und zu rasch hinter sich bringen will. Häufig wird das unbewusst durch das Motiv bestimmt, den Patienten beeindrucken zu wollen und ihm ein besonders klares Konzept über das weitere Vorgehen zu vermitteln. Wenn aus dieser vorschnellen und häufig fehlerhaften Entscheidung therapeutische Konsequenzen gezogen werden, droht dem Patienten ebenfalls Schaden.

Entscheidungsbereitschaft ist auch dann gefragt, wenn in einer Klinik oder einer Praxisgemeinschaft kein Konsens über das weitere Vorgehen gefunden wird. Da die therapeutischen Konsequenzen nicht in einem an der Stimmenmehrheit orientierten Abstimmungsprozess zu fällen sind, muss ein Arzt wie bei der Urteilsbildung die Verantwortung übernehmen. Er muss bei Abwägung aller Argumente eine für den Patienten verbindliche Entscheidung fällen. Das Vermögen, Urteile zu fällen, und die Bereitschaft, sich zu entscheiden, sind nicht gleichzusetzen. Es gibt Ärzte, die über Urteilsvermögen verfügen, denen es aber an Entscheidungskraft mangelt.

In der Notfallsituation ist Entscheidungskraft zwingend notwendig. Aber auch bei einem chronischen Krankheitsverlauf kann es außerordentlich hinderlich sein, wenn ein Arzt sich nicht zu einer Entscheidung durchringen kann. Therapeutische Konsequenzen werden hinausgeschoben, der Patient wird verunsichert, Untersuchungen werden wiederholt, nur um Zeit zu gewinnen. Fast alle therapeutischen Entscheidungen beinhalten für den Patienten Vor- und Nachteile.

Für den Arzt ist jede therapeutische Entscheidung mit einer Nutzen-Risiko-Abwägung verbunden. Ein guter Arzt soll dem Patienten nicht nur seine Situation (Diagnose und Prognose), sondern auch die sich daraus ergebenden therapeutischen Konsequenzen erklären. Er wird die möglichen

Alternativen mit ihren jeweiligen Vor- und Nachteilen schildern und abschließend die Therapie vorschlagen, die er für die beste hält. Bei besonders kritisch eingestellten Patienten wird er es zunächst bei der Schilderung der therapeutischen Optionen belassen und die Reaktion des Patienten abwarten. Spätestens jetzt wird dem Arzt klar, wo die Präferenzen seines Patienten liegen.

Nicht selten fragt der Kranke: Gibt es nicht doch noch andere Möglichkeiten? Kann man nicht zunächst zuwarten und sehen, wie sich die Krankheit entwickelt? Um den langfristigen Erfolg der Therapie nicht zu gefährden, wird der Arzt zunächst so weit wie möglich den Vorschlägen des Patienten folgen. Bei nicht wenigen Patienten gelingt es nur auf diesem Umweg (im zweiten oder dritten Anlauf), die optimale therapeutische Strategie durchzusetzen.

Dem ärztlichen Urteil ähnlich hat auch die ärztliche Entscheidung etwas Unumstößliches und ist kaum oder nur schwer korrigierbar. Daher kommt es darauf an, dass sowohl das ärztliche Urteil als auch die ärztliche Entscheidung zutreffend sind. Es kommt durchaus vor, dass das ärztliche Urteil (Diagnose) zutreffend ist, die therapeutischen Entscheidungen aber falsch sind. Ebenso kann es sein, dass, aus welchem Grunde auch immer, die therapeutische Entscheidung korrekt ist, die Diagnose aber falsch.

Fallbeispiel

Die Ehefrau meines Patienten N. klagt seit Wochen über ein generelles Krankheitsgefühl, rezidivierende Fieberschübe, Bauschmerzen und Wechsel von Verstopfung und Durchfällen. Als die Situation sich zuspitzt, empfehle ich eindringlich eine Untersuchung bei einem Facharzt.

Wenig überzeugt und eher widerwillig folgt sie meinem Vorschlag: klinische Untersuchung, Oberbauchsonografie und Erfassung der

Laborwerte. Kaum haben wir die Befunde gesehen, sind wir alarmiert. Auch für einen Kardiologen ist die Schwere des Krankheitsbildes offenbar: klinisch hochgradiger Verdacht auf Sigmadivertikulitis mit schwerer bakterieller Infektion der umgebenden Organe, insbesondere des Bauchfells. Das Ergebnis der Laboruntersuchungen bestätigt unsere Vermutung. Es bleibt keine andere Wahl. Wir müssen die Patientin umgehend in Chirurgische Klinik des Universitätsklinikums einweisen. Hier erkennt und bestätigt man die kritische Situation einer möglichen Perforation (Durchbruch) von Sigmadivertikeln mit begleitender lokaler Bauchfellentzündung. Die sofort in der Nacht durchgeführte computertomografische Untersuchung bestätigt die Diagnose. Noch in der gleichen Nacht wird die Patientin in den frühen Morgenstunden operiert und der betroffene Darmabschnitt entfernt. Die Operation verläuft ohne Probleme. Die Anlage eines künstlichen Darmausganges kann vermieden werden. In der Nacht der Operation führe ich zahlreiche Telefongespräche:
»Wie steht es um unsere Mutter?«
»Wie konnte es dazu kommen?«
»Ist eine Operation wirklich unvermeidlich?«
»Kann sie eine solche Operation überleben?«
Meine Antwort: »Es geht um Leben und Tod. Ich übernehme die Verantwortung. Die Entscheidung zur Operation ist ohne Alternativen.«

Diese Krankheitsgeschichte macht deutlich, wie wichtig, ja im Einzelfall lebensrettend ein kurzfristiges diagnostisches Urteil und ebenso rasche therapeutische Entscheidung ist.

Zusammenfassung
Entscheidend für den Erfolg von Diagnostik und Therapie sind ein abgewogenes, aber entschlossenes ärztliches Urteil und der Mut, eine therapeutische Entscheidung zu treffen.

4.6 Sich seiner Maßstäbe bewusst sein

Ein Patient, der sich einem Arzt anvertraut, erwartet fachliche Kompetenz und die Fähigkeit, ihn zu heilen. Da aber Heilung im umfassenden Sinne selten möglich ist, benötigt er von seinem Arzt an erster Stelle Hilfe.

Was Hilfe ist, sieht jeder Patient unterschiedlich. Beseitigung von Schmerzen, baldige Rückkehr in den Alltag, gesteigerte körperliche Leistungsfähigkeit, aber auch die Besserung der Stimmungslage. Welches Ziel Priorität hat, ist neben der medizinischen auch eine menschliche Frage, die von Patient zu Patient unterschiedlich beantwortet wird. Noch herausfordernder wird es, wenn der Patient bittet, ihm bei der Bewältigung einer fortgeschrittenen Erkrankung zu helfen, ihm im Sterben beizustehen oder sein Sterben zu erleichtern.

An der Antwort auf diese letzten Fragen scheiden sich die Geister. Hat der Arzt die alleinige Aufgabe, das Leben zu verlängern – »koste es, was es wolle« –, oder muss er auf Wunsch des Patienten, ihm beim Sterben beistehen, wenn notwendig in den Sterbeprozess eingreifen, etwa bei unerträglichen Schmerzen und Ängsten, selbst wenn hierdurch ein vorzeitiges Sterben in Kauf genommen wird. Dies ist ein heutzutage vieldiskutiertes Thema.

Nach bisheriger und heutiger Vorstellung ist es die *primäre Aufgabe* des Arztes, das Leiden des Kranken zu lindern und das Leben zu verlängern, aber auch – in bestimmten Situationen – das Sterben erträglicher zu machen. Keinesfalls bedeutet das Sich-um-das-Leiden-eines-Patienten-auch-am-Lebensende-oder-im-Sterbeprozess-Kümmern, dass sich der Arzt zum Herrn über Leben und Tod macht. Es ist aus meiner Sicht nur eine konsequente Fortsetzung seines ärztlichen Auftrags, sich nicht nur um den Patienten zu kümmern, wenn eine Verlängerung des Lebens oder eine Heilung der Krankheit möglich ist, sondern auch dann, wenn »nur noch« die Linderung des Leidens therapeutisches Ziel ist.

Im Kontrast zu den Aussagen des von mir hochgeschätzten Christoph Wilhelm Hufeland (1762–1836) ist ein Arzt nicht nur gefordert, das Leben zu verlängern, sondern bei Vergeblichkeit dieser Maßnahme das Lebensende erträglicher zu machen. Hufeland war hingegen der Ansicht, dass der Arzt an erster Stelle die Aufgabe habe, das Leben des Patienten zu verlängern: »Er soll und darf nichts anderes tun, als Leben zu erhalten, ob es um Glück oder Unglück sei, ob es Wert habe oder nicht, dies geht ihn nichts an.« Diese strikt am hippokratischen Eid ausgerichtete Auffassung ist für mich umso erstaunlicher, als Hufeland sich für moderne Entwicklungen in der Medizin einsetzte. Sie ist nur aus dem Geist seiner Zeit verständlich.

Mit einer Sterbebegleitung, deren Ziel nicht allein die Lebensverlängerung, sondern auch die Leidenslinderung ist, spielt sich der Arzt im Gegensatz zu den Behauptungen Hufelands keinesfalls zum Herrn über Leben und Tod auf. Dass verbrecherische Ärzte diese Handlungsfreiheit missbraucht haben, spricht nicht gegen die vernünftige Handhabung palliativer Maßnahmen am Lebensende bzw. beim Sterben.

Die alles bestimmende Frage ist, an welchen Maßstäben und ethischen Regeln sich der Arzt orientiert. Ludger Honnefelder beschreibt es in seinem Beitrag »Die ethische Entscheidung im ärztlichen Handeln – Einführung in die Grundlagen der medizinischen Ethik« wie folgt:

> *»Seit den Anfängen der abendländischen Medizin hat sich die ethische Entscheidung des Arztes maßgeblich am ärztlichen Berufs- und Standesethos orientiert. Unter einem ›Ethos‹ versteht man das Gesamtmuster von Regeln, Einstel-*

lungen und Haltungen, das von einer Gesellschaft oder gesellschaftlichen Gruppe in Bezug auf das Handeln als verbindlich betrachtet wird. Ein Berufsethos ist dementsprechend das für das berufliche Handeln als verbindlich betrachtete Gesamtmuster der Regeln, Einstellungen und Haltungen, das sich – wie am hippokratischen Eid greifbar – vor dem Hintergrund des geltenden gesellschaftlichen Ethos die Gilde der diesen Beruf Ausübenden selbst auferlegt.«

Diese Regeln waren über Jahrhunderte selbstverständlich und wurden nicht hinterfragt. Maßstäbe und ethische Regeln waren auch deshalb kein Problem, da Arzt und Patient der gleichen Glaubens- und Weltanschauungsgemeinschaft angehörten und deren, meist unausgesprochenen, ethischen Regeln folgten.

Mit dem Ende des 19. Jahrhunderts war dies nicht mehr der Fall. Patienten und Ärzte gehörten häufig verschiedenen Weltanschauungen und Religionen an und fühlten sich nicht an die gleichen ethischen Normen gebunden. Diese Entwicklung machte eine Neuorientierung der ärztlichen Ethik notwendig. Demzufolge wurden ärztliche Standes- und Berufsethiken neu formuliert. Zu dieser Umorientierung trugen auch die revolutionären neuen Erkenntnisse der Medizin bei.

Standes- und Berufsethik

Hintergrund der Standes- und Berufsethik war über Jahrhunderte hinweg der christliche Glauben und die durch diesen Glauben geprägte Ethik. Das Berufsethos formulierte Regeln für ärztliches Verhalten in bestimmten Situationen. Diese Grundregeln scheinen auf den ersten Blick einheitlich, waren es in der Realität aber niemals. So beinhalten die drei Grundregeln des ärztlichen Berufsethos Widersprüche in sich, die bis heute Gültigkeit haben:

- »Der Wille des Kranken ist das oberste Gesetz.« (*Voluntas aegroti suprema lex*)
- »Das Wohl des Kranken ist das oberste Gesetz.« (*Salus aegroti suprema lex*)
- »Nichts ist wichtiger, als dem Kranken nicht zu schaden.« (*Primum nihil nocere*)

Über Jahrhunderte stand an erster Stelle die ethische Regel des »Salus aegroti«. Was unter Salus (Heil) zu verstehen ist, bestimmte der christliche Glaube. Nur vordergründig war es das körperliche Heil, gemeint war vielmehr das nach der christlichen Lehre definierte Seelenheil. Nach dieser Lehre durfte man alles für das körperliche Heil des Patienten unternehmen, auf keinen Fall aber dessen Seelenheil gefährden. (Deshalb galt das Verbot der Abtreibung auch bei einer für die Mutter lebensbedrohlichen Fortführung der Schwangerschaft!) So waren auch lebensverkürzende Maßnahmen im Sterbeprozess untersagt. Wie auch in den anderen großen Religionen Judentum und Islam war ein aktiver Eingriff zur vorzeitigen Beendigung des Lebens strikt verboten. Die Beseitigung unerträglicher Schmerzen eines Todkranken unter billigender Inkaufnahme eines vorzeitigen Todes wird auch heutzutage von der katholischen Kirche kritisch gesehen.

Heute stellt sich jedoch zunehmend die Frage, ob die Regel des »Salus aegroti« für alle Ärzte – auch die mit anderem weltanschaulichen Hintergrund – verbindlich sein kann?

Hier scheiden sich die Geister. Die Mehrzahl der Ärzte ist nach meinem Eindruck heute der Meinung, dass die Fremdbestimmung des Kranken über die Religionsgemeinschaften durch dessen Selbstbestimmung – im Rahmen der bestehenden Gesetze – abgelöst werden sollte (*Voluntas aegroti suprema lex*). Diese Selbstbestimmung besagt, dass der Kranke über sein Schicksal selbst entscheiden sollte. In diesem Sinne hat auch die oberste Rechtsprechung in Deutschland geurteilt. So einleuchtend dieser Ansatz auf den ersten Blick ist, so schwierig ist er im Alltag umzusetzen. Wann soll die Entscheidung getroffen werden? Soll der Kranke entscheiden oder der potenziell Kranke, d.h. der Mensch im schwerkranken Zustand oder präventiv noch als Gesunder? Kann er eine solche Entscheidung im kranken Zustand, womöglich in einer Extremsituation, überhaupt treffen? Wie bindend ist eine solche Entscheidung des Kranken für den Arzt? Ist es denkbar, dass Entscheidungen im gesunden und kranken Zustand divergieren? Wie detailliert können und sollen Behandlungsvorgaben für den Arzt sein? Ist der Arzt verpflichtet, diesen auch dann zu folgen, wenn sie seinen eigenen ethischen Regeln nicht entsprechen? Nach welchen ethischen Normen richtet sich der Patient, nach welchen der Arzt?

Noch weniger hilfreich unter ethischen Aspekten ist die Grundregel des *Primum nihil nocere*. Dieser Satz ist bei jeder aktiven ärztlichen Tätigkeit zu bedenken: Schade ich mit dem, was ich vorhabe, dem Patienten vielleicht mehr als ich ihm nütze? So sinnvoll dieser Satz im ärztlichen Alltag ist, als ethisches Prinzip ist er nicht hilfreich. Er ist Ausgangspunkt einer ärztlichen Haltung, die heute insbesondere in den USA weit verbreitet ist. Aus Angst vor Regress werden medizinisch notwendige Maßnahmen unterlassen und nur das absolut Unumgängliche unternommen (sogenannte Defensivmedizin). So wird diese Grundregel in Umkehr der ursprünglichen Intention im Interesse des Arztes missbraucht.

Biomedizinische Ethik

Wenn die traditionellen Sätze ärztlicher Standes- oder Berufsethik nicht weiterhelfen und die christliche Ethik in ihrer traditionellen Strenge für viele Ärzte und Patienten nicht mehr verbindlich ist, woran soll sich die medizinisch-ethische Urteilsbildung heute orientieren?

- Am Überleben des Patienten?
- Am technisch Möglichen?
- An den Vorstellungen des Patienten?
- An den Vorstellungen des Arztes?
- An den Vorstellungen der Gesellschaft?
- An den heute bestehenden, allgemeinverbindlichen ethischen Regeln?

Die Standesethik kann nicht Grundlage einer modernen ärztlichen Ethik sein. Auch deshalb nicht, da ethische Entscheidungen in der hochdifferenzierten modernen Medizin durch zusätzliche Bedingungen unserer Zeit bestimmt werden. Neben den althergebrachten ethischen, religiösen und philosophischen Konzepten möchte ich erwähnen:

- Erweiterung der Erkenntnis- und Handlungsmöglichkeiten in der prä- und postnatalen genetischen Diagnostik, der In-vitro-Fertilisation und im Embryonentransfer
- Veränderungen im Selbstverständnis der modernen Medizin und in der Struktur des ärztlichen Handelns, z. B. anstelle einer einheitlichen Arzt-Patient-Beziehung arbeitsteilige Verfahren mit unterschiedlichen, z. T. autonomen Teilverantwortungen
- Wandel des öffentlichen Wertbewusstseins (z. B. Säkularisierung und Pluralismus der Moral)
- Verrechtlichung der Medizin mit den Konsequenzen der Defensivmedizin
- Medizin unter den Aspekten des Zeit- und Kostendrucks
- Zunehmende Zweiklassenmedizin
- Kritische und besser informierte Patienten

Heute besonders im Blickpunkt steht die sogenannte Biomedizinische Ethik, auch als angewandte Ethik oder Applied-Ethics bezeichnet. Sie ist im Kern eine am Wollen des Patienten orientierte medizinische Ethik. Ethische Basisprinzipien, wie sie in den USA in den 70er-Jahren des vorigen Jahrhunderts festgelegt wurden (etwa im sogenannten Belmont-Report), haben diese neue Ära der medizinischen Ethik eingeleitet. Dieser Ethik liegen vereinfacht gesagt vier Grundprinzipien zugrunde:

- Selbstbestimmung des Patienten
- Prinzip der Schadensverhütung
- Fürsorgepflicht für den Patienten
- Soziale Gerechtigkeit

Prinzipien zweiter Ordnung, wie Schweigepflicht, Wahrung der Privatsphäre, Vertrauenswürdigkeit, Wahrhaftigkeit, sowie andere Leitbilder und Tugenden vervollständigen diesen ethischen Ansatz. Wichtig für das Verständnis ist, dass die vier Grundprinzipien an sich die glciche Wertigkeit haben. Im Einzelfall ist zu entscheiden, welches der vier Prinzipien das ethische Handeln bestimmen soll. Diese Entscheidung müssen Arzt und Patient gemeinsam fällen.

Die Prinzipien sind so allgemein, dass man ihnen nicht widersprechen kann. Insbesondere dann nicht, wenn diese Regeln von Fall zu Fall mit unterschiedlicher Priorität angewandt werden können. Mit diesen Grundregeln lassen sich unterschiedlichste Vorgehensweisen rechtfertigen. Sie sind daher für das ärztliche Handeln nicht hilfreich.

Grenzen der Selbstbestimmung

Im Laufe der nachfolgenden Jahrzehnte rückt das Grundprinzip der Selbstbestimmung des Patienten (Autonomie) an die erste Stelle. Äußert der Patient klar und unmissverständlich seinen Willen, ist dies heute für den Arzt verbindlich. Diese Priorität der Selbstbestimmung des Patienten gilt für alle diagnostischen und therapeutischen Maßnahmen, nicht nur für Fragen am Ende des Lebens. Voraussetzung für eine sinnvolle Selbstbestimmung ist ein ausreichender Informationsstand, Einsicht und der Vollbesitz der geistigen Kräfte.

Schon hier wird eine Grenze der Selbstbestimmung deutlich. Eine weitere wird dadurch offenbar, dass der Inhalt der Selbstbestimmung häufig von unbekannten Vorbedingungen (fremde Einflussnahme!) abhängig ist. Weiterhin muss der Inhalt der Selbstbestimmung über die Zeit nicht konstant sein, sondern kann sich durch Einflüsse von außen ändern. Als letztes und schwerwiegendes Argument: Selbstbestimmung ist nicht zwangsläufig gut, sie kann sachlich falsch oder problematisch sein, ja sie kann den allgemeinen Vorstellungen von menschlicher Würde widersprechen.

Da der Inhalt der Selbstbestimmung problematisch und ethisch bedenklich sein kann, ist kein Arzt verpflichtet, Dinge zu tun, die er nicht für richtig hält. Im Zweifelsfall muss er sein Behandlungsmandat abgeben.

Die Selbstbestimmung des Patienten ist das erste, aber nicht das letzte und absolute Prinzip ärztlicher Entscheidung. Da die menschliche Entscheidung naturgemäß unvollkommen ist, muss sich der Arzt bei all seinen Handlungen auf eigene ethische Maßstäbe verlassen. Er muss die Würde seines Patienten berücksichtigen und darf sie niemals verletzen. Was Würde bedeutet, wird im Einzelfall vom Patienten, vom Arzt und der Gesellschaft unterschiedlich gesehen. Übereinstimmung besteht allerdings insofern, als zum Kern der Würde eines Menschen Vernunft, Selbstbestimmung und Freiheit gehört.

Ist der Patient zu einer freien Entscheidung nicht (mehr) in der Lage, gilt die Patientenverfügung. Liegt keine Patientenverfügung vor, wird sich der für den Patienten verantwortliche Arzt die Frage stellen: Was will oder wollte der Patient? Insbesondere in der Akutsituation der Reanimation wird er so nach dem vermeintlichen Willen des Patienten entscheiden. Besteht ein lange dauernder Krankheitsprozess, wird durch Gerichtsbeschluss eine Betreuung eingerichtet, was nicht unbedingt zu sachgerechten Entscheidungen führt.

Aus den Regeln der Bioethik kann man kein einheitliches ethisches Grundprinzip für ärztliches Handeln ableiten. Was aber ist dann das oberste ethische Prinzip des ärztlichen Handelns? Diese Frage lässt sich aus meiner Sicht am einleuchtendsten aus der Philosophie Immanuel Kants beantworten.

Die meisten der großen ethischen Theorien gehen davon aus, dass es ein oberstes Prinzip für die moralische Beurteilung unseres Handelns gibt. Dieses Prinzip fordert all das zu tun, was von mir als gut erkannt wird. Was von mir als gut erkannt wird und was tatsächlich gut ist, lässt sich auf logische Weise nicht begründen. Nach dem obersten Prinzip bleibt nur die Unterscheidung von Gut und Böse, das Gute zu tun und das Böse zu lassen. Das bedeutet die Verpflichtung, das als gut Erkannte auch zu tun und das als böse Erkannte entsprechend zu lassen. Das oberste Prinzip auch in der Medizin ist die Achtung der Menschenwürde. Immanuel Kant unterlässt es, den Inhalt der Menschenwürde als ethisches Ziel positiv zu umschreiben, abgesehen von der Kennzeichnung Selbstbestimmung durch Vernunft. Er hat wohl geahnt, dass die Beschreibung des Begriffs »Menschenwürde« im Detail immer zu Konflikten führen wird, und bevorzugt es daher, ethisches Handeln formal im Kategorischen Imperativ zu umschreiben:

»Handele so, dass die Maxime Deines Willens jederzeit zugleich als Prinzip einer allgemeinen Gesetzgebung gelten könnte.«

Es handelt sich also nicht um eine konkrete oder inhaltliche Forderung, sondern um eine Formale. Kant ging davon aus, dass der Inhalt des persönlichen Ethos zu weltanschaulich bzw. religiös geprägt ist, um es in Worte fassen zu können. Nach Ansicht Kants wissen, vereinfacht ausgedrückt, im Prinzip alle Menschen, was ethisch richtig ist und können, so sie es denn wollen, dies auch in die Tat umsetzen. Im Detail mögen sich moralische Auffassungen unterscheiden, im Prinzip und grundsätzlich jedoch nicht.

Beweise für die Gültigkeit dieses auf Vernunft gegründeten Ethikkonzeptes gibt es nach Kant nicht, nur Hinweise für dessen Richtigkeit. Dies bringt Kant in für ihn ungewöhnlich emotionalen Sätzen zum Ausdruck:

»Zwei Dinge erfüllen das Gemüt mit immer neuer und zunehmender Bewunderung und Ehrfurcht, je öfter und nachhaltender sich das Nachdenken damit beschäftigt: Der bestirnte Himmel über mir und das moralische Gesetz in mir. Beide darf ich nicht als in Dunkelheit verhüllt, oder im Überschwänglichen außer meinem Gesichtskreis suchen und bloß vermuten; ich sehe sie vor mir und verknüpfe sie unmittelbar mit dem Bewusstsein meiner Existenz.«

Die Bedeutung der Emotion für die ethischen Prinzipien kommt auch in folgenden Worten von Hans Jonas zum Ausdruck:

»Das Gefühl muss zur Vernunft hinzukommen, damit das objektiv Gute eine Gewalt über unseren Willen gewinne – dass also die Moral, die den Affekten gebieten soll, selber eines Affektes bedarf – dies war den Moralphilosophen seit

jeher bewusst und unter den Großen war Kant wohl der einzige, der sich dies als Zugeständnis an unsere sinnliche Natur abringen musste.«

Jonas selbst fügt den Kriterien der Sittlichkeit unseres Handelns ein weiteres hinzu: Verantwortungsgefühl. So betont er in seiner Schrift »Das Prinzip der Verantwortung«, wie wichtig dieses Prinzip für unsere Entscheidungen als Arzt ist. Dieses Verantwortungsgefühl wird besonders herausgefordert, wenn der Wille des Patienten und dessen Würde als Mensch nicht miteinander vereinbar zu sein scheinen. Wie kann der Arzt dem Willen des Patienten nachkommen, ohne dessen menschliche Würde zu verletzen? Welchen Kompromiss kann der Arzt verantworten?

Zusammenfassung

Handlungsrichtlinie des Arztes ist der Wille des Patienten. Kann der diesen nicht äußern, gilt der früher geäußerte bzw. vermutete Wille des Patienten.

Oberstes ethisches Prinzip des ärztlichen Handelns ist die Beachtung der Würde des Kranken. Konflikte können entstehen, wenn der Wille des Patienten mit dessen Würde aus ärztlicher Sicht nicht vereinbar ist.

4.7 Das für den Patienten Beste im Auge haben

Oberstes Gebot aller ärztlicher Tätigkeiten ist es, das für den Patienten Beste im Auge zu haben. Was das Beste ist, ist durchaus nicht immer offensichtlich und bedarf der Konkretisierung. Hierzu haben Edmund Pellegrino und David C. Thomasma (1994) vier Ebenen genannt, auf denen der Heilungsprozess abläuft.

- Auf der ersten Ebene geht es um das objektivmedizinisch-physiologische Wohl des Patienten. Der objektive Krankheitszustand im naturwissenschaftlichen Sinn soll beseitigt werden.
- Die zweite – personale – Ebene umfasst die subjektive Wahrnehmung des Patienten. Es geht um die Linderung der Beschwerden und des Krankheitsgefühls.
- Die dritte Ebene bezieht sich darauf, das für den Patienten ethisch Gute (d.h. das seiner Selbstbestimmung und seiner Würde entsprechende) zu erreichen.
- Auf der vierten Ebene erfolgt die Behandlung unter Berücksichtigung des Seelenheils des Patienten (Salus aegroti).

Patienten gehen davon aus, dass der Arzt diese Ziele nach Möglichkeit »unter einen Hut« bringt. Während dies auf der ersten und zweiten Ebene meist erreichbar ist, benötigt der Arzt zur Erreichung der Ziele auf den beiden letztgenannten Ebenen mehr Informationen über die Vorstellungen und die Weltanschauung des Patienten. Im Gespräch mit dem Patienten wird er meistens erahnen, welches Ziel für den Patienten Priorität hat.

Ziel aller ärztlichen Maßnahmen ist die Wiederherstellung der Gesundheit des Patienten. Dies meint zunächst die Beseitigung der Krankheit als Störung der normalen Physiologie und, wenn keine Wiederherstellung der Gesundheit erreichbar ist, die Besserung der Gesundheitsstörung. Dabei muss der Arzt die subjektive Leidenssituation des Patienten berücksichtigen. Auf der zweiten Ebene spielen die Beschwerden des Patienten und sein Krankheitserleben die entscheidende Rolle. Diese gilt es durch die ärztlichen Maßnahmen zu lindern oder zu beseitigen. Während die Ziele auf der ersten Ebene relativ einfach zu verwirklichen sind, ist es schon schwieriger, die Ziele der ersten und der zweiten Ebene in Übereinstimmung zu bringen.

Nicht jede medizinisch sinnvolle Maßnahme wird vom Patienten subjektiv auch als leidenslindernd empfunden. So ist die Normalisierung eines erhöhten Blutdrucks häufig mit subjektiv unangenehmen Begleitwirkungen (Müdigkeit, Schwächegefühl) verbunden. Umgekehrt kann das subjektiv Gute für den Patienten – der Patient möchte trotz schwerer bakterieller Infektion keine Antibiotika – das objektiv Schlechte sein.

Das therapeutische Ziel auf der dritten Ebene, das allgemein für den Menschen Gute, ist viel schwieriger zu erreichen: Wahrung der Würde der menschlichen Person, Achtung vor seiner Selbstbestimmung. Für einen Naturrechtsethiker sind diese Prinzipien nicht Gegenstand sozialer oder kultureller Übereinkunft oder Konstruktion, sondern der menschlichen Natur mitgegeben. Doch auch Naturrechtsethiker müssen die Schwierigkeit anerkennen, dass diese Prinzipien nicht gleichwertig nebeneinander stehen, sondern im konkreten Fall einer Reihung bedürfen. Nach heutiger Vorstellung dürfen unter keinen Umständen die Würde des Menschen und die Freiheit seiner Selbstbestimmung verletzt werden. Der Patient muss also immer das Gefühl haben, mit Respekt behandelt zu werden und eine freie Entscheidung zu treffen. Die Achtung der Würde des Patienten erfordert es auch, dass der Arzt Entscheidungen des Patienten akzeptiert, die primär nicht in sein diagnostisches und therapeutisches Konzept passen und das angestrebte Gute auf der ersten und zweiten Ebene nicht erreichen.

Für viele Patienten liegt der Sinn des Lebens nicht in der Lösung seiner vordergründigen gesundheitlichen Probleme, sondern im spirituellen Bereich (im christlichen Glauben im sogenannten Seelenheil oder im Islam im Paradies). Oberster Wert für diese Patienten ist also das spirituell Gute, ihr Wohl auch nach dem Tod. In aller Regel handelt es sich dabei um die religiöse Einstellung, der sie alle anderen Güter unterordnen, einschließlich der eigenen Gesundheit. Zumindest akzeptieren sie keine Maßnahmen, die mit diesem spirituellen Gut unvereinbar sind. Auch eine derartige Haltung eines Patienten muss der Arzt berücksichtigen.

Was ist das für den Patienten Beste?

Dieses m. E. im Ansatz vernünftige Konzept von Pellegrino und Thomasma ist in der Praxis schwer umzusetzen. Zunächst stellt sich die Frage, was für den Patienten unter den therapeutischen Zielen Priorität hat und wie die Reihenfolge der Prioritäten ist. Sodann stellt sich für den Arzt die Frage, ob er dieser Reihenfolge auf der Basis seiner eigenen ethischen Auffassung nachkommen kann. Schließlich ergibt sich die Frage, welche Kompromisse Patient und Arzt einzugehen bereit sind und ob sich so eine gemeinsame ethische Basis für den Entscheidungsprozess finden lässt.

Wesentlich erleichtert wird die Entscheidungsfindung für den Arzt, wenn sich der Kranke im Rahmen seiner Krankheit klar äußern kann und klare Wünsche zu erkennen gibt. Wenn dies im Verlauf einer Erkrankung nicht mehr möglich ist, ist eine entsprechende Patientenverfügung Leitlinie für die weiteren ärztlichen Maßnahmen. Nur wenn diese vorliegt, ist der Arzt nicht auf Mutmaßungen oder Aussagen Angehöriger angewiesen.

In keinem Fall ist der Arzt verpflichtet, einer Güterabwägung des Patienten nachzukommen, die seiner eigenen ethischen Vorstellung widerspricht. Unter diesen Umständen sollte der Arzt die Betreuung des Patienten an einen Kollegen weitergeben, der die Güteabwägung des Patienten – geäußert oder durch eine Patientenverfügung deutlich gemacht – mittragen kann. Gibt es keinerlei Information zur Güterabwägung des Patienten, folgt der Arzt seiner eigenen. Gibt es bei der Güterabwägung zwischen Patienten und Arzt nur marginale Differenzen, sollte der Arzt dem folgen, was der Patient intendiert.

Wenn der Arzt das Beste für den Patienten will, muss er immer im Auge behalten, dass sich dieser zwangsläufig in einer unterlegenen Position, in einem Abhängigkeitsverhältnis befindet. Er kommt mit dem Wunsch, dass der Arzt ihm hilft, er muss sich vor seinem Arzt körperlich und auch seelisch »ausziehen«, er muss sich inspizieren und untersuchen lassen, muss dem Arzt seinen Körper vorübergehend anvertrauen. Wie kann der Arzt dieses situationsbedingte Ungleichgewicht ausgleichen? Indem er seinen Patienten respektvoll und höflich behandelt, diesem alles erspart, was dessen Unterlegenheitsgefühl verstärkt. Auch in dieser Situation muss der Arzt die Würde seinen Patienten im Auge haben.

Kein Patient möchte von der Macht und dem Willen seines Arztes vollständig abhängig sein. Sosehr er seinem Arzt vertraut, er möchte die Entscheidung über sein Schicksal selbst in der Hand behalten. Selbstständigkeit bedeutet aber auch die Fähigkeiten zu reflektieren, sich seiner Situation bewusst zu sein und sich über seine Zukunft Gedanken zu machen.

Zur Selbstständigkeit gehört die Fähigkeit zu äußern, was einem wichtig ist. Unselbstständig fühlt sich der Patient, der den Eindruck hat, nur noch Objekt zu sein. Dies trifft z. B. auf hilflose Patienten auf der Intensivstation zu. Ein Patient, der in dieser Situation nur noch von Ärzten,

Pflegern und Apparaten abhängig ist, fühlt sich gedemütigt und ohne Würde. Er fühlt sich anderen gegenüber schutzlos ausgeliefert und gewinnt zunehmend das Gefühl, nicht mehr er selbst zu sein. Das Gefühl der Würdelosigkeit kann auch dadurch entstehen, dass der Patient den Eindruck hat, keine Rechte mehr zu haben. Deshalb müssen Pflegepersonal und Ärzte insbesondere bei hilflosen Patienten peinlich genau darauf achten, sie diese Abhängigkeit nicht spüren zu lassen.

Zusammenfassung

Ziel der ärztlichen Maßnahmen ist es, das Beste für den Patienten zu erreichen: körperlich, seelisch und geistig. Dabei müssen die individuellen Präferenzen des Patienten mit dem objektiv Notwendigen in Einklang gebracht werden.

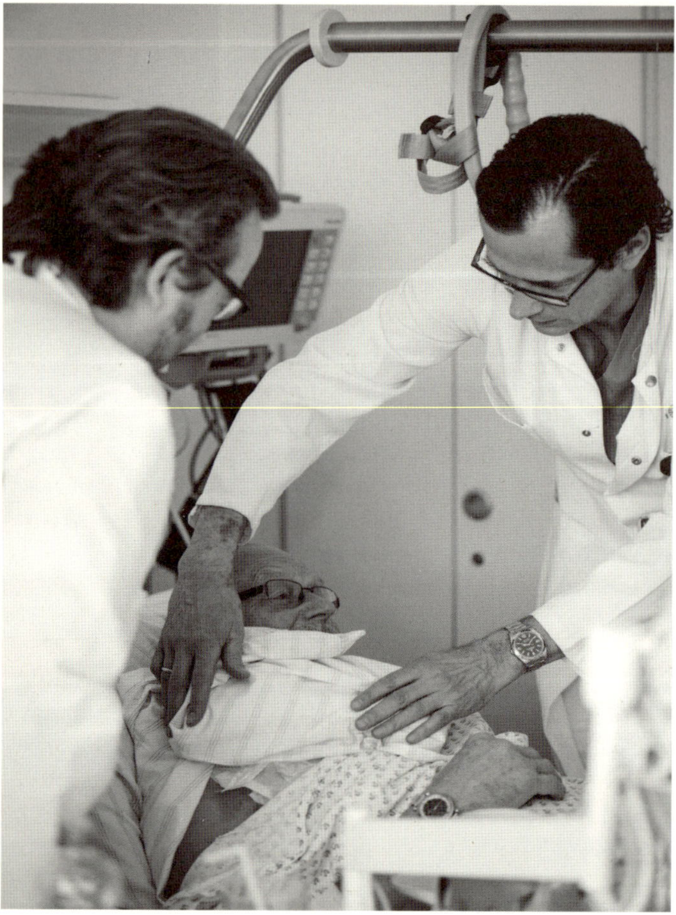

5 Umsetzung im Alltag

> *»Medicine is learned by the bedside and not in the classroom. Let not your conceptions of disease come from words heard in the lecture room or read from the Book. See, and then reason and compare and control. But see first.«*
>
> *William Osler*

Im Folgenden möchte ich die oben unter dem Titel »Was den guten Arzt ausmacht« geschilderten Eigenschaften in der Umsetzung im klinischen Alltag darstellen. Dabei werde ich dem zeitlichen Ablauf einer Patientenbetreuung durch den Arzt folgen.

5.1 Der klinische Blick

Der klinische Blick ist die Fähigkeit eines Arztes, mit einem Blick den Zustand seines Patienten zu erfassen. Dem guten Arzt ist jedoch bewusst, dass diese Prima-vista-Diagnose immer eine Vermutungsdiagnose ist, eine Arbeitshypothese, die einer Bestätigung durch nachfolgende Untersuchungen bedarf. Eine korrekte Diagnosestellung auf diesem Weg ist heute eine Rarität. Häufiger gelingt es dagegen, prima vista den Gesamteindruck des Patienten zu beurteilen: schwerkranker Patient, depressiver Patient, Patient mit Herzinsuffizienz, Patient mit Parkinson-Syndrom, Patient mit schwerer Lungenkrankheit.

Der klinische Blick im ursprünglichen Sinn – im Sinne einer Prima-vista-Diagnose – ist heute eher Mythos als klinische Realität. Noch im vorletzten Jahrhundert waren Herzkrankheiten, die generalisierte Gichterkrankung, hoher Blutdruck und schwere Lungenkrankheiten eine Blickdiagnose. Heute werden praktisch alle Erkrankungen frühzeitiger im Verlauf diagnostiziert, die typischen Zeichen einer fortgeschrittenen Organkrankheit fehlen in der Regel. Unter diesen Umständen ist eine Prima-vista-Diagnose nicht möglich. Auf den ersten Blick lassen sich heutzutage nur wenige seltene Erkrankungen erfassen, etwa das Marfan-Syndrom, Skelettanomalien, Parkinson-Syndrom, Idiopathischer Tremor, ausgeprägtes Über- bzw. Untergewicht, Down-Syndrom, Akromegalie, einige Schilddrüsenfunktionsstörungen und bestimmte Hauterkrankungen.

Mit dem klinischen Blick der heutigen Medizin ist im Gegensatz zu früher die diagnostische Einordnung eines Patienten nach klinischem Eindruck, Untersuchung und Gespräch gemeint, also auf der Basis rein klinischer Kriterien. Welche Idee steht hinter dem Konzept des modernen klinischen Blicks? Es ist die Vorstellung des Patienten, ein Arzt müsse mit dieser Minimaldiagnostik erkennen, welche Krankheit vorliegt. Diese Vorstellung ist naiv. Allerdings entspricht es der Erfahrung einiger Patienten – und dies schlägt sich im Ruf eines Arztes nieder –, dass einige Ärzte rascher und intuitiver, zumeist auch mit weniger Untersuchungsbefunden eine richtigere Diagnose stellen als andere.

Auch in unseren Tagen erwartet der Patient von einem guten Arzt, dass er trotz der zahlreichen zur Disposition stehenden Untersuchungsverfahren und Befunde mit dieser Minimaldiagnostik eine Diagnose bzw. Vermutungsdiagnose stellt und gezielt die notwendigen weiteren diagnostischen Maßnahmen veranlasst. Worauf beruht der modern verstandene klinische Blick? Er setzt bestimmte Fähigkeiten des Arztes voraus:

- Beobachtungsgabe
- Abrufbare klinische Erfahrung

- Logisches Denken
- Kritische Bewertung des Beobachteten

Die Beobachtungsgabe ist keine selbstverständliche ärztliche Fertigkeit. In der Regel sehen die Ärzte viel, aber nicht unbedingt das, was für die Krankheit typisch oder charakteristisch ist. Um mit Kant zu sprechen, muss der Verstand formend in den Wahrnehmungsprozess eingreifen: Die Wahrnehmung fällt nicht auf ein unbeschriebenes, sondern auf ein mit Vorinformationen gefüttertes Gedächtnis. Dieses greift aktiv in den Wahrnehmungsprozess ein. Zur Beobachtungsgabe gehört eine rasche Auffassung, das Entscheidende muss innerhalb von Minuten erfasst werden.

Eine weitere Voraussetzung für den klinischen Blick ist die »rasch abrufbare klinische Erfahrung«. Die klinische Erfahrung umfasst Erinnerungen an Kranke bzw. Krankheitsverläufe, aber auch abstraktes Wissen, das auf solchen Krankheitsbeobachtungen und auf Lehrbuchwissen beruht. Es ist eben nicht nur die Erinnerung (»Das oder Ähnliches habe ich ja schon gesehen«), sondern auch die Fähigkeit, die Unterschiede zwischen dem im Gedächtnis gespeicherten und dem gegenwärtigen Fall wahrzunehmen. Um dies zu leisten, steht neben der Wahrnehmung durch die fünf Sinne (Sehen, Tasten, Schmecken, Hören, Riechen) der Verstand zur Verfügung. Denn jede Erkenntnis setzt neben Wahrnehmung durch die Sinne den Verstand voraus. Immanuel Kant hat es dem Sinne nach so formuliert: »Der Verstand ist auf die Sinneswahrnehmung angewiesen, und umgekehrt bringt die Sinneswahrnehmung ohne den Verstand keine richtige Erkenntnis zustande.«

Werden die durch die Sinneswahrnehmung gewonnenen Erkenntnisse mit dem Verstand gedacht, entstehen aus

Ihnen die Begriffe. Die Begriffe werden vom Verstand zu Urteilen verknüpft. Der Verstand bedient sich dabei der Gesetze der Logik. So bilden Sinneswahrnehmung und Verstand die Grundlage der Erkenntnis durch den klinischen Blick. Am Ende dieses Prozesses steht die kritische Bewertung des Beobachteten und Gedachten.

Die mit Abstand wichtigste Sinneswahrnehmung ist in diesem Zusammenhang das Sehen. Für den klinischen Blick spielen heute Tastsinn und Gehör bei der Untersuchung ebenfalls eine Rolle. Geruchs- und Geschmackssinn hatten über Jahrhunderte Bedeutung, z.B. beim Schmecken des Urins bei der Zuckerkrankheit oder der Wahrnehmung des Ammoniakgeruchs beim Versagen der Leber. Sie sind heute nicht mehr von Gewicht. So imponierend und befriedigend mittels des (modernen) klinischen Blicks eine Diagnose auch sein mag, sie bedarf in jedem Fall einer Bestätigung durch weitere Untersuchungsergebnisse.

Grenzen und Gefahren einer Überbetonung des klinischen Blicks liegen auf der Hand. Zum einen lassen sich zahlreiche Diagnosen nicht durch einen auch noch so geschulten klinischen Blick stellen; zum anderen kann der klinische Blick den Arzt auch in eine völlig falsche Richtung lenken. Der klinische Blick verlangt daher immer nach einer Bestätigung. Sprechen die Untersuchungsbefunde gegen die Vermutungsdiagnose, so muss der Arzt von neuem nachdenken. Dies fällt gerade manch erfahrenem Arzt nicht leicht.

Eines sollte der klinische Blick in jedem Fall leisten: Differenzierung offensichtlich Gesunder von Schwerkranken, psychisch Auffälligen und Notfällen. Diese Differenzierung von Patienten ist für die ärztliche Praxis wichtig und erleichtert nicht nur den Umgang mit den Patienten, sondern auch die Planung des weiteren Vorgehens.

Ist der moderne klinische Blick erlernbar?

Es wird immer wieder behauptet, bestimmte Ärzte hätten einen besonders guten klinischen Blick. Manche Patienten erzählen, ihr Arzt sei ein besonders guter Diagnostiker. Meist sind das nicht überprüfbare Behauptungen. So ist auch die Vorstellung vom »glänzenden klinischen Diagnostiker«, die manch einem Arzt nachgesagt wird, eher Mythos als klinische Realität.

Natürlich gibt es bei den Fähigkeiten der Ärzte Unterschiede, so auch bei den diagnostischen. Diese Unterschiede sind jedoch weniger angeboren oder anlagebedingt, sondern Folge von Wissen und Erfahrung. Der klinische Blick ist erlernbar, trainierbar und durch praktische Erfahrung zu verbessern. Vieles gesehen und vieles gelesen zu haben ist eine wichtige Voraussetzung für einen guten klinischen Blick. Hinter dem klinischen Blick steckt also keinesfalls ein Geheimnis. Es ist empfehlenswert, einem erfahrenen Arzt bei der Erhebung der Vorgeschichte und der Untersuchung über die Schulter zu schauen. Selbst Erfahrungen zu sammeln und diese mit dem ärztlichen Lehrer zu besprechen ist ein probates Mittel, um den klinischen Blick zu schärfen.

Fallbeispiel

Bei der gestrigen klinischen Visite frage ich einen meiner Studenten:
»Was fällt Ihnen an diesem Patienten auf?«
»Gar nichts!«
»Das kann nicht sein! Finden Sie die Atmung des Patienten normal? Bewegt sich so ein normaler Brustkorb? Hören Sie keine Atemgeräusche? Wirkt der Patient angestrengt oder angespannt? Wenn Sie den Bauch des Patienten ansehen, was fällt Ihnen auf? Wie wirkt der Gesichtsausdruck des Patienten? Wie sein Blick?«
Durch solche Fragen versuche ich die Beobachtungsfähigkeit meiner Studenten zu trainieren.

Zusammenfassung
Mit klinischem Blick ist die diagnostische Einordnung eines Patienten nach klinischem Eindruck, Untersuchung und Gespräch gemeint. Durch Übung und praktische Erfahrung am Krankenbett kann man den klinischen Blick trainieren.

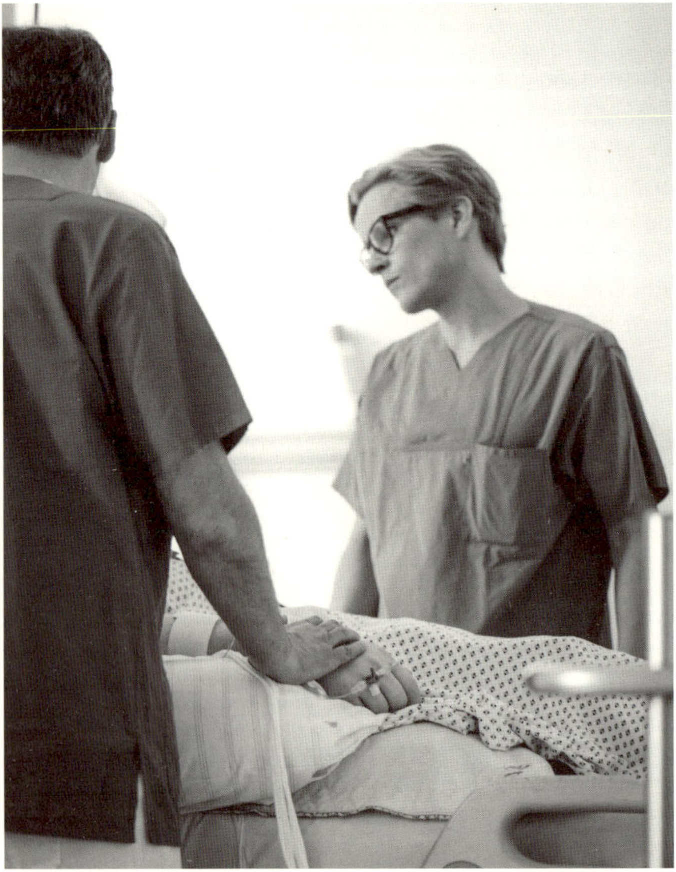

5.2 Das Gespräch

»Solange man selbst redet, erfährt man nichts.«

Marie Ebner von Eschenbach

Ein Gespräch mit dem Patienten kann nur gelingen und vom Patienten als befriedigend empfunden werden, wenn bestimmte äußere Voraussetzungen erfüllt sind: keine Hetze, kein Stress, kein für den Patienten spürbarer zeitlicher Druck. Der Arzt muss Ruhe und Gelassenheit ausstrahlen. Das Gespräch muss auf Augenhöhe stattfinden, im wortwörtlichen und im übertragenen Sinn. Arzt und Patient sollten sich beim Gespräch in die Augen sehen können und eine einfache, für beide verständliche Sprache sprechen, d.h., der Arzt muss sich auf die Sprache des Patienten einstellen. Der Patient muss spüren, dass sich der Arzt auf ihn einlässt, sich auf ihn persönlich einstellt. Der Arzt muss seine Empathie gezielt einsetzen und den goldenen Mittelweg zwischen Distanz und persönlichen Engagement finden.

Zuhören ist schwieriger als Reden. Dies gilt allgemein, aber insbesondere für Ärzte gegenüber Patienten. Zuhören fällt Ärzten besonders schwer, da sie schon alles wissen oder zu wissen glauben, was Patienten ihnen zu berichten haben. Usus ist es daher, dass Ärzte den Redefluss ihrer Patienten beliebig unterbrechen und die Patienten häufig nicht aussprechen lassen. Ärzte stellen stattdessen Fragen. Dieses Vorgehen ist verständlich, trägt aber dem natürlichen Bedürfnis des Patienten, sich spontan zu äußern, nicht Rechnung.

Was dem Patienten zuallererst am Herzen liegt, ist die Chance, seine Beschwerden und Sorgen in eigener Formulierung dem Arzt vorzutragen, und zwar in aller Ruhe und ohne durch Fragen oder Bemerkungen des Arztes unterbrochen zu werden. Natürlich gibt es auch ausgesprochen wortkarge Patienten, die nur auf Befragen ihre Beschwerden schildern. Ziel der ärztlichen Gesprächsführung ist es dann, auch diese Patienten zum Reden zu bringen und aussprechen zu lassen. Der Patient soll spontan seine Beschwerden schildern und nach Möglichkeit erklären, wie es aus seiner Sicht zu der Krankheit gekommen ist. Erst im Anschluss stellt der Arzt gezielt seine Fragen:

- »Seit wann bestehen die Beschwerden?«
- »Bei welcher Gelegenheit treten die Beschwerden auf?«
- »Wie lange dauern die Beschwerden an?«
- »Wie lassen sich die Beschwerden beeinflussen?«
- »Wie lassen sich die Beschwerden vermeiden?«
- »Haben Sie schon einmal eine Therapie versucht?«
- »Was ist nach Ihrer Meinung die Ursache für die Beschwerden?«

Am Ende fasst der Arzt die spontan vorgebrachten Beschwerden des Patienten und das Ergebnis der gezielten Befragung in wenigen Sätzen zusammen. Dann folgt die Frage des Arztes: »Sehe ich das so richtig? Oder habe ich etwas vergessen?«

So oder so ähnlich sollte sich das erste Gespräch mit dem Patienten abspielen. Für dieses Gespräch muss sich der Arzt genauso viel Zeit nehmen wie für die Besprechung der Untersuchungsergebnisse zu einem späteren Zeitpunkt.

Unverhältnismäßig häufig beklagen sich die Patienten darüber, dass der Arzt zu wenig Zeit gehabt bzw. sich zu wenig Zeit für das Gespräch genommen habe:

- »Nach der Untersuchung war ich genauso schlau wie vorher.«
- »Es musste alles ganz schnell gehen, der Doktor hatte gar keine Zeit, mit mir zu reden.«

- »Er sagte, er wolle mir alles später erklären, jetzt habe er zu wenig Zeit. Zu dem späteren Gespräch ist es leider nie gekommen.«

Das sind kritische Sätze, die ich immer wieder von Patienten höre. Aus ihnen spricht eine tiefe Unzufriedenheit, viele Patienten fühlen sich durch die ärztliche Schweigsamkeit und Distanziertheit geradezu gedemütigt (»Der Doktor hat es allem Anschein nach nicht nötig, mich über das Ergebnis der Untersuchungen zu informieren«).

Vom Patienten vorab ausgefüllte Fragebogen zur Vorgeschichte und zu den Beschwerden können nützlich und zeitsparend sein, ersetzen aber nach meiner Erfahrung keinesfalls das persönliche Gespräch zwischen Patient und Arzt. Ist die Rede des Patienten außerordentlich weitschweifig, kann der Arzt sie durch kurze und gezielte Fragen unterbrechen. In der spontanen Rede werden die Beschwerden und Sorgen des Patienten jedoch am besten deutlich. Allerdings muss der Arzt aufmerksam hinhören. Wichtig ist die Reihung bzw. Priorisierung der Beschwerden durch den Patienten, insbesondere dann, wenn Patienten über zahlreiche unterschiedliche Beschwerden berichten. Hier ist das Eingreifen des Arztes unvermeidlich. Er muss explizit fragen: Welche Beschwerden stehen an erster Stelle? Welche an zweiter Stelle? Der Arzt ist auch interessiert zu erfahren (und das berichten Patienten häufig nicht spontan), seit wann die Beschwerden bestehen, ob sie schon lange vorhanden sind oder in den letzten Wochen zugenommen haben.

Nicht nur die Beschwerden, sondern auch die Vorstellung über die Ursache seiner Beschwerden will der Arzt vom Patienten erfahren. Auch hierzu muss er den Patienten meist gezielt befragen. Im Gespräch sollte der Arzt herauszufinden versuchen, welche weiteren diagnostischen Schritte für den Patienten tolerabel sind.

Gleichermaßen wichtig für Arzt und Patient ist das gemeinsame Gespräch nach Abschluss der Diagnostik und vor Einleitung der Therapie. Hier muss sich der Arzt erneut Zeit nehmen und seinen Patienten noch einmal gezielt nach seinen Erwartungen fragen. Spätestens jetzt muss der Arzt dem Patienten klar und deutlich sagen, was man durch diese oder jene Therapie erreichen kann und was nicht. Ohne ihn explizit zu fragen, sollte der Arzt während des Gesprächs spüren, ob die von ihm geplante Therapiestrategie vom Patienten vermutlich akzeptiert wird oder nicht. Er sollte es vermeiden, eine Therapiestrategie vorzuschlagen, von der er ziemlich sicher ist, dass der Patient diese nicht akzeptieren wird.

Was erwartet der Patient in dieser Phase vom Gespräch mit seinem Arzt? Der Patient möchte wissen, wie der Arzt seine Beschwerden einordnet und wie er seine Krankheit beurteilt:

- »Wie kann man meine Beschwerden erklären?«
- »Steckt eine schwerwiegende Krankheit dahinter?«
- »Welche weiteren Untersuchungen sind geplant?«
- »Können Sie meine Krankheit heilen?«
- »Können Sie meine Beschwerden lindern?«

Selbst wenn der Arzt unschlüssig ist, welches Krankheitsbild vorliegt, sollte er den Patienten darüber informieren und erklären, wo das diagnostische Problem liegt. In jedem Fall wünscht der Patient Aufklärung darüber, in welche Richtung weitere diagnostische Nachforschungen geplant sind.

Auf keinen Fall dürfen diese Gespräche zwischen Tür und Angel erfolgen. Selbst wenn der Arzt in seinen Augen vergleichsweise banale Dinge mitzuteilen hat, wiegt für den Patienten jedes Wort und jeder Satz des Arztes schwer. »Nehmen Sie bitte Platz, ich möchte mit Ihnen über die bisherigen Untersuchungsergebnisse sprechen.« Auf diese Weise spricht der Arzt mit dem Patienten in angemessener Form.

Natürlich ist es unerlässlich, dass sich der Arzt einer Sprache bedient, die der Patient versteht. Auch noch so komplizierte medizinische Sachverhalte lassen sich bei gutem Willen mit einfachen Worten erklären:

- »Habe ich mich verständlich ausgedrückt?«
- »Ist Ihnen klar, wie wichtig die geplanten Untersuchungen sind?«

Zusammenfassung

Zuhören und Fragen zu stellen erfordert vom Arzt Zeit und Disziplin. Das Gespräch sollte vor und nach Durchführung der Untersuchungsverfahren erfolgen. Der Patient hat das Recht zu wissen, weshalb welche Untersuchungsverfahren geplant sind und was deren Ergebnis ist.

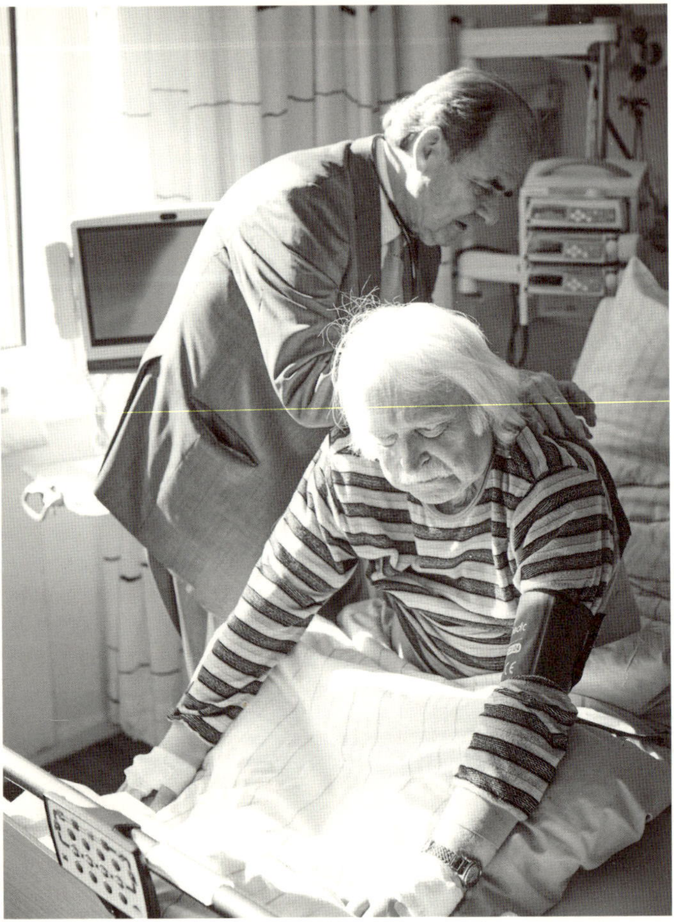

5.3 Die körperliche Untersuchung

5.3.1 Häufige Fehler

Der häufigste Fehler ist es, einem Patienten bei der Schilderung seiner Beschwerden nicht zuzuhören. Ein zweiter, ebenfalls gravierender ist es, den Patienten nicht körperlich zu untersuchen oder mit der Untersuchung zu beginnen, während der Patient seine Beschwerden schildert. »Ich möchte Sie jetzt untersuchen, um mir selbst ein Bild zu machen.« So sollte der Arzt sein Anamnesegespräch beenden und die körperliche Untersuchung unmittelbar anschließen. Die Untersuchung selbst läuft am besten nach einem vom Arzt festgelegten Ritual ab.

Anfänger stürzen sich häufig gleich mit dem Stethoskop auf den Patienten. Der erfahrene Arzt sucht zunächst den Blickkontakt mit dem Patienten, dessen Oberkörper leicht erhöht liegt – was den Blickkontakt erleichtert. Der Patient darf durchaus spüren, dass der Arzt ihn von oben bis unten aufmerksam anschaut, um sich so ein erstes Bild zu machen. Auf diese Musterung durch den »klinischen Blick« folgt das Abtasten bestimmter Organe: Herz, Pulse der großen Gefäße, Bauch und Beine sowie die Suche nach vergrößerten Lymphknoten. Im körperlichen Kontakt verspürt der Patient den Willen des Arztes, der Sache auf den Grund zu gehen.

Wie läuft die weitere Untersuchung ab?

Zunächst richtet sich die Untersuchung auf den ganzen Patienten, nicht nur auf ein bestimmtes Organ. Der Untersuchungsablauf ist dabei je nach Fragestellung unterschiedlich detailliert. Auf die erwähnten Untersuchungen folgt die orientierende Untersuchung der Sinnesorgane, des Mundes und Rachens sowie der Geschlechtsorgane. Nach dieser internistischen Allgemeinuntersuchung konzentriert sich der Arzt auf das Organsystem, dessen Erkrankung vermutet wird.

Oft erwartet der Patient mit ängstlicher Sorge das Ergebnis der körperlichen Untersuchung. Um die Anspannung des Patienten nicht unnötig zu steigern, sollte der Arzt schon während seiner Untersuchung mit dem Patienten sprechen, um die (zunächst vorläufigen) Untersuchungsergebnisse mitzuteilen, auch die Normalbefunde. Dies wirkt beruhigend und entspannend auf den Patienten. Die Besprechung des Untersuchungsbefundes sollte nicht an der Untersuchungsliege, womöglich noch mit dem entkleideten Patienten, sondern separat im Sprechzimmer des Arztes erfolgen.

Bei dem enormen Vormarsch der apparativen Diagnostik fragt sich, ob die körperliche Untersuchung auch in Zukunft eine Rolle spielen wird. Nach meiner Einschätzung: Ja! Selbst wenn apparative Untersuchungen einige der körperlichen Untersuchungsbefunde genauer und objektiver wiedergeben, wird die körperliche Untersuchung ihren eigenen Wert behalten: Sie stellt buchstäblich eine Verbindung zwischen Patient und Arzt her. Bei der Untersuchung spürt der Patient die Nähe und Fürsorge des Arztes hautnah. Sie versinnbildlicht die unmittelbare Beziehung zwischen Arzt und Patient. Ein weiteres Plus: Die körperliche Untersuchung ist überall und an allen Orten durchführbar, sie ist nicht an Geräte und komplizierte Auswertungsverfahren gebunden.

Für den Patienten wirkt es besonders überzeugend und vertrauensbildend, wenn der Arzt schon aufgrund des Untersuchungsbefundes zu konkreten Schlussfolgerungen kommt. Und zwar ohne EKG, ohne Ultraschalluntersuchung, ohne Röntgenuntersuchung und ohne Laborwerte.

Für den Patienten ist es ebenfalls überzeugender, wenn der Arzt aufgrund seines körperlichen Untersuchungsbefundes weitere Untersuchungen veranlasst und nicht nur auf der Basis eines vorgegebenen Ablaufschemas, wie es in Arztpraxen und Kliniken mittlerweile häufig der Fall ist.

Man kann somit folgendes Vorgehen nachdrücklich empfehlen: klinischer Blick, Zuhören, Gespräch mit gezielten Fragen, körperliche Untersuchung und Gespräch über das geplante diagnostische und therapeutische Vorgehen.

Meine ganz konkreten Empfehlungen für die Durchführung der körperlichen Untersuchung des Patienten:

- Sehen Sie dem Patienten in die Augen, schauen Sie ihn von oben bis unten gründlich an.
- Informieren Sie den Patienten angemessen über Ihren ersten Eindruck.
- Jeder Patient möchte nicht nur am vermutlich erkrankten Organ, sondern am ganzen Körper untersucht werden.
- Nehmen Sie sich für die Untersuchung genügend Zeit. Eine zu rasche und oberflächliche Untersuchung stellt Ihr Interesse und Ihre Glaubwürdigkeit infrage.
- Erklären Sie dem Patienten die Untersuchungsergebnisse.
- Sagen Sie ihm, was sicher ist und wo Sie zusätzliche Untersuchungsverfahren benötigen.
- Informieren Sie den Patienten über die Arbeitsdiagnose.

Wie lässt sich die Untersuchungstechnik lernen?

Schauen Sie jemandem zu, der diese Technik beherrscht! Das ist nicht ganz einfach, es ist eine selten werdende Kunst, die leider nur noch wenige Ärzte beherrschen. Als Ergänzung stehen Hilfsmittel zur Verfügung, Ton- und Bildkonserven sowie Apparate zur Simulation von Untersuchungsbefunden. Auch hier gilt: Die praktische Übung »am Patienten« unter Kontrolle eines erfahrenen Lehrers macht den Meister. Sind die Halsvenen gefüllt oder gestaut? Ist der Carotis-Puls niederamplitudig und verzögert ansteigend? Tasten Sie das Schwirren über dem Brustbein? Merken Sie Abwehrspannung bei tiefer Palpitation im linken Unterbauch?

Zusammenfassung

Drei häufig gemachte Fehler sollte der Arzt vermeiden:

- Die körperliche Untersuchung zu vergessen oder auf sie aus Zeitgründen zu verzichten.
- Die Untersuchung oberflächlich und unsystematisch durchzuführen.
- Die Untersuchung durchzuführen, ohne mit dem Patienten zu sprechen.

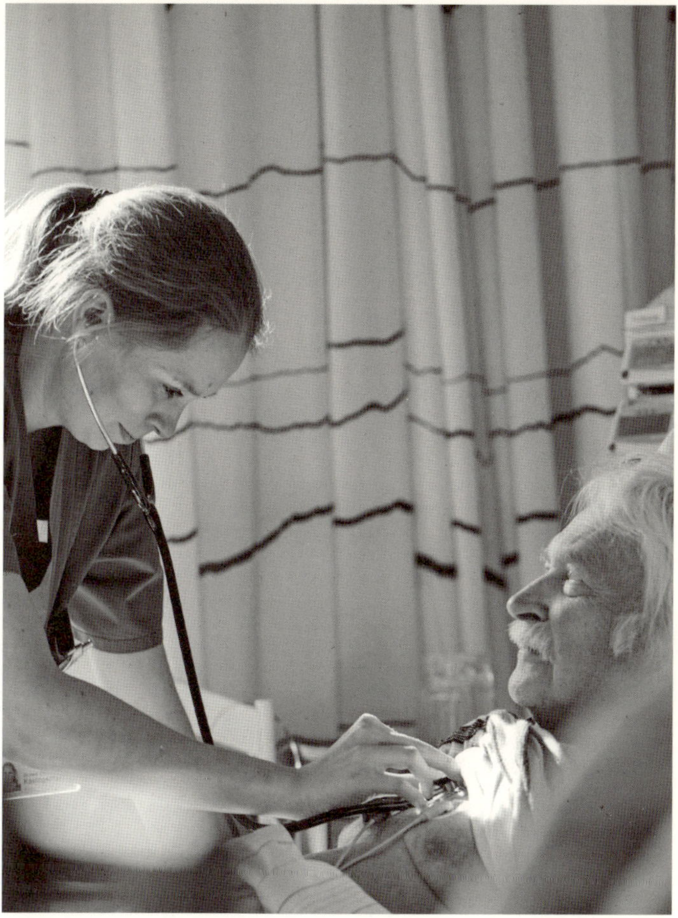

5.4 Der Weg zur Diagnose

* *»To confess ignorance is often wiser than to beat about the bush with a hypothetical diagnosis.«*

William Osler

Vor der Diagnose steht das Nachdenken über die Ursachen der Symptome und Beschwerden des Patienten. Immer sind mehrere infrage kommende Diagnosen zu erwägen. Wie läuft dieser Prozess des Nachdenkens ab? Welche Schritte sind notwendig?

Im ärztlichen Alltag findet sich heute wenig Zeit, grundsätzliche Erwägungen anzustellen. Entsprechend unsystematisch verläuft dieser Prozess und wird in der Regel allein von Erfahrung und Intuition geleitet. Häufig beruhen Arbeitshypothesen mehr auf Spekulation als auf systematischer Prüfung der Sachverhalte. Die Ergebnisse dieses diagnostischen Vorgehens sind meist wenig seriös und unbefriedigend, mit der Folge, dass die richtige Diagnose verzögert, und später als möglich gestellt wird. Der diagnostische Aufwand ist häufig umfangreicher als notwendig.

Lässt sich die Diagnostik durch ein systematisches und reflektiertes Vorgehen verbessern? Ja, Verbesserungen sind dringend nötig! Häufig werden die Beschwerden und Symptome des Patienten nur oberflächlich und unvollständig erfasst. Zeitmangel und fehlende Übung in der Beobachtung, verbunden mit einer gewissen Selbstüberschätzung, sind hierfür Ursachen; eine andere die Neigung zu Spekulation und Voreingenommenheit.

Der sogenannte phänomenologische Ansatz soll helfen, diese Fehler zu vermeiden. In diesem Ansatz geht es, vereinfacht gesagt, darum, die Phänomene möglichst genau und unvoreingenommen zu erfassen und zu beschreiben. Diese

* Unwissenheit zu bekennen ist oft klüger, als mit einer hypothetischen Diagnose um den heißen Brei zu reden.

Forderung scheint trivial, ist es aber keineswegs, wenn man bedenkt, wie wenig exakt und vollständig die Situation eines Patienten durch Ärzte erfasst wird. Er soll die Sache des Patienten so beschreiben, wie sie ist, und nicht, wie er diese interpretiert.

Das Ausklammern jeder spekulativen Hinzufügung nennt Edmund Husserl, einer der Väter der Phänomenologie, »Zurückhaltung seines Urteils« (sogenannte phänomenologische Reduktion). Dieses phänomenologische Vorgehen stellt sicher, dass die bloße Beschreibung des Phänomens auf der einen Seite (»blaue Lippen«) und dessen Interpretation auf der anderen Seite (»angeborene Herzkrankheit«) streng zu unterscheidende Prozesse sind. Das bedeutet, dass es zwingend notwendig ist, die Beschwerden, die Symptome, ja das Krankheitsbild des Patienten exakt und unvoreingenommen wahrzunehmen. Erst anschließend erfolgt die Interpretation der Befunde. Dieses konsekutive Vorgehen erleichtert die nachfolgenden diagnostischen Schritte.

So könnte der Ablauf idealtypisch aussehen: Der Patient berichtet über seine Beschwerden. Der Arzt stellt Fragen zu Art, Ausmaß und zeitlichem Verlauf der Beschwerden. Aufgrund dieser Information wägt er mögliche Differenzialdiagnosen ab. Durch weiteres Nachfragen und aufgrund der körperlichen Untersuchung wird die Anzahl der infrage kommenden Diagnosen eingeengt und eine Arbeitshypothese formuliert. In den nachfolgenden diagnostischen Verfahren, die entsprechend gezielt einzusetzen sind, werden die möglichen Diagnosen überprüft. Die korrekte wird bestätigt und die weniger wahrscheinlichen ausgeschlossen. Sollte sich keine der Diagnosen bestätigen, beginnt der diagnostische Prozess mit der Aufstellung weiterer Arbeitshypothesen von vorne.

Warum finden selbst erfahrene Kliniker nicht immer den geraden Weg zur Diagnose?

- Hypothesen über die Ursache der Krankheit werden schon zu einem frühen Zeitpunkt im Gespräch mit dem Patienten generiert. Dadurch wird die Diagnostik in eine bestimmte Richtung gelenkt.
- Neue diagnostische Informationen werden nicht adäquat berücksichtigt. Es werden diejenigen überbewertet, die eine schon unbewusst präferierte Hypothese bestätigen.
- Regeln zur Abschätzung von Wahrscheinlichkeiten – wie aus persönlicher Erfahrung oder der Literatur bekannt – werden nicht genügend berücksichtigt.
- Eigene Erfahrungen wirken sich zu stark auf die Hypothesenbildung aus. Jüngst zurückliegende beeindruckende Erfahrungen und diagnostische Erfolge werden überbewertet.
-

Wie lassen sich diese Fehler vermeiden? Wie lässt sich das Differenzialdiagnostische systematisieren? Wie lassen sich die Ergebnisse verbessern?

5.4.1 Vom Zuhören zur Hypothesenbildung

Schon mit dem ersten Patientenkontakt setzt ungewollt und unbewusst die Hypothesenbildung ein. Beim Zuhören und ersten Befragen des Patienten beginnt beim Arzt die Spekulation darüber, was denn Ursache der Beschwerden sein könnte. Eine ernsthafte Hypothesenbildung kann und sollte erst nach Abschluss der klinischen Untersuchung erfolgen.

Dabei ist die Anzahl der Hypothesen naturgemäß begrenzt. Meist stehen mehrere Hypothesen gleichwertig nebeneinander. Welcher dieser Hypothesen soll zunächst nachgegangen werden? Naheliegend ist es, der Hypothese nachzugehen, die nach Überzeugung des Arztes mit der höchsten Wahrscheinlichkeit zutreffend ist. Bei der Priorisierung der Hypothesenprüfung spielt ebenfalls eine Rolle, wie häufig die als Ursache der Beschwerden angenommene Krankheit überhaupt vorkommt. Ein weiterer Gesichtspunkt zur Bevorzugung einer bestimmten Hypothese ist die Tatsache, ob bei dieser Erkrankung eine erfolgreiche Therapie zur Verfügung steht.

Nach einer vorläufigen Sortierung der Hypothesen stellt sich die Frage nach dem weiteren Vorgehen. Wie soll die naheliegendste Hypothese getestet werden? Im Rahmen dieses Prozesses werden einige Hypothesen verworfen, andere »überleben«. Welche gedanklichen Operationen spielen bei der Hypothesenprüfung eine Rolle? Welche Fragen stellen sich? Liegen bei dem Patienten die für diese Krankheit charakteristischen Merkmale vor? Wenn nicht, wird die Hypothese verworfen. Wenn ja, wird die Verdachtsdiagnose gestellt.

Ein Beispiel: Ein Patient hat Fieber, Husten und Auswurf. Es besteht die klinische Verdachtsdiagnose einer Pneumonie. Sämtliche Kriterien für diese Krankheit sind erfüllt. Trotzdem sind weitere diagnostische Maßnahmen erforderlich.

Ein weiteres Beispiel: Der Patient hat Fieber, Schüttelfrost und starke Schmerzen beim Wasserlassen. Hier sind sämtliche Kriterien für die Verdachtsdiagnose Urosepsis erfüllt.

Obwohl bei beiden Krankheitsbildern kaum Zweifel an der Richtigkeit der Arbeitshypothese und damit am Vorliegen der entsprechenden Krankheit besteht, wird man die Richtigkeit der Diagnose und den Schweregrad der Erkrankung durch zusätzliche Untersuchungsverfahren überprüfen. Schwieriger wird es, wenn jeweils nur ein oder zwei dier Kriterien erfüllt sind. Diese Hypothesen werden nicht gänzlich verworfen, aber unter »weniger wahrscheinlich« zurückgestellt.

Undurchführbar ist dieses Vorgehen bei Krankheitsbildern, bei denen charakteristische Symptome oder Merkmale einer Krankheit nicht existieren. Liegen für eine Erkrankung pathognomonische Merkmale vor? Dies ist in der Praxis selten: In einem solchen Fall kann ein Merkmal bzw. ein Untersuchungsbefund weitere differenzialdiagnostische Überlegungen unnötig machen.

Dazu ein Beispiel: Es finden sich auf den ersten Blick typische Skelettveränderungen beim Marfan-Syndrom. Trotzdem wird man auch hier weitere Diagnostik veranlassen.

Ein weiteres Beispiel: Bei der Auskultation findet sich typisches Perikardreiben, das nur bei einer Perikarditis vorkommt. Die differenzialdiagnostischen Erwägungen zielen dann auf die Ursachen der Perikarditis.

Wie sind Aufwand, Risiken und Kosten weiterer Maßnahmen zu bewerten? Ab wann ist weitere Diagnostik unnötig? Eine absolute Sicherheit bezüglich einer Diagnose gibt es nicht. Der Arzt muss sich fragen, ob weitere diagnostische Maßnahmen an der Therapie etwas ändern.

Ein Beispiel: Typisches klinisches Bild einer akuten schweren Pulmonalarterienembolie mit CT-angiografischem Nachweis von Thrombusmaterial in den zentralen Lungengefäßen. Wie ist der zusätzliche Nutzen einer Lungenszintigrafie? Wie der einer Druckmessung im Lungenkreislauf? Wie der einer Echokardiografie?

Trotz gesicherter Diagnose können weitere diagnostische Maßnahmen zur Abschätzung der Prognose und Planung der Therapie durchaus sinnvoll sein.

5.4.2 Nach welchen Prinzipien sollen Arbeitshypothesen getestet werden?

»We are constantly misled by the ease with which our minds fall into the ruts of one or two experiences«
William Osler

Ein Prinzip besteht darin, Hypothesen paarweise einander gegenüberzustellen und die weniger wahrscheinliche fallenzulassen. Die verbliebene wird anschließend gegen eine weitere getestet und die Testreihe so lange fortgesetzt, bis die am wahrscheinlichsten zutreffende Arbeitshypothese verbleibt.

Zugrundeliegendes Prinzip ist das der Diagnose durch Ausschluss weniger wahrscheinlicher Diagnosen. Nachteil dieses Vorgehens ist es, dass eine Diagnose jeweils weiterverfolgt wird. Bestätigt sich diese Diagnose in der späteren Testung durch zusätzliche diagnostische Verfahren nicht, muss die Testung neuer Hypothesen von Anfang an neu starten.

Ein anderes Prinzip der Testung besteht darin, Hypothesen nach der Liste der Wahrscheinlichkeit von der höchsten bis zur geringsten Wahrscheinlichkeit zu reihen. Jeder Hypothese wird ein typisches Beschwerdebild bzw. ein typischer Befund zugeordnet. In aller Regel ist das Beschwerdebild, also der Befund des Patienten, durch eine Erkrankung bedingt. Ausnahmen kommen vor allem bei multimorbiden Patienten mit zahlreichen Krankheiten vor. Die bewusste Zuordnung eines Beschwerdebildes bzw. eines Befundes zur Diagnose macht dem Arzt deutlich, bei welcher Arbeitshypothese eine derartige Zuordnung besonders gut passt oder nicht möglich ist. Außerdem wird deutlich, welche Arbeitshypothese sich einer derartigen Zuordnung entzieht.

An der Spitze dieser Liste verbleiben z. B. zwei oder drei Arbeitsdiagnosen. Es stellt sich die Frage, durch welche zusätzlichen Untersuchungsverfahren sich diese Diagnosen differenzieren lassen und welche Diagnose schließlich für den Patienten zutrifft. Zu fragen ist auch, wie sich die präferierten Arbeitsdiagnosen in ihrer therapeutischen Konsequenz unterscheiden.

Wie zutreffend ist meine Hypothese?
Bei der Bildung und Testung von Hypothesen ist die Angabe der Wahrscheinlichkeit unverzichtbar: So gibt der Kliniker die Wahrscheinlichkeit, dass seine Hypothese zur Krankheitsursache (zur Diagnose) korrekt ist, mit der Bewertung »hoch«, »mittel« oder »gering« an. In Anbetracht der mit Wahrscheinlichkeit gültigen Hypothese muss der Kliniker entsprechende Konsequenzen ableiten:

- keine weitere Aktion (weder Diagnostik noch Therapie),
- zusätzliche Informationen notwendig (z. B. zusätzliche Diagnostik),
- Art der Behandlung (ohne zusätzliche Informationen).

Die Wahl dieser Maßnahmen wird wesentlich von der Wahrscheinlichkeit abhängen, für wie zutreffend der Arzt seine Hypothese hält. Im Fall einer geringen Wahrscheinlichkeit wird er auf jegliche Aktion verzichten, im Fall einer hohen Wahrscheinlichkeit wird er unmittelbare therapeutische Entscheidungen treffen. Ist die Wahrscheinlichkeit intermediär (also zwischen »gering« und »hoch«), sollten weitere diagnostische Maßnahmen erfolgen. In jedem Fall sollte sich der Diagnostiker vor Durchführung weiterer Untersuchungen festlegen, wie groß die Prätest-Wahrscheinlichkeit des Vorliegens einer Erkrankung ist.

Wie lässt sich die Wahrscheinlichkeit einer korrekten Diagnose abschätzen?
Die Abschätzung geschieht anhand persönlicher und publizierter Erfahrung. Kliniker nutzen ihre früheren Erfahrungen mit vergleichbaren Patienten, um die Wahrscheinlichkeit abzuschätzen. Je erfahrener der Kliniker ist, desto mehr nutzt er diese Erfahrung und kann ihr vertrauen. Dies ist wichtig für die Wahrscheinlichkeitsschätzung.

Doch der Arzt sollte sich der Grenzen dieser Einschätzung bewusst sein: Das in der Kapazität limitierte und in der Auswahl der Erinnerungen voreingenommene Gedächtnis neigt zu Fehlhandlungen. Jüngst zurückliegende und besonders eindrucksvolle Fälle werden bevorzugt erinnert. Unausgewogenheit des Fallgedächtnisses trägt zur Bevorzugung bestimmter Hypothesen bei. Andere Wege, die persönliche Erfahrung zur Wahrscheinlichkeitsabschätzung zu nutzen, sind der Vergleich mit einem repräsentativen Prototyp und jener mit der zuletzt gemachten Erfahrung (Verfügbarkeitsheuristik).

Auch die Abschätzung der Wahrscheinlichkeit aufgrund publizierter Erfahrung hat ihre Grenzen! Aber zunächst: Wo liegen die Vorzüge im Vergleich zur Abschätzung der Wahrscheinlichkeit aufgrund persönlicher Erfahrung?

Der publizierten Erfahrung liegt ein ungleich umfangreicheres Datenmaterial zugrunde als der persönlichen. Aufgrund statistischer Analysen können die Daten so auf bereitet werden, dass sie speziell für den Entscheidungsprozess nützlich sind. Publizierte Studien erlauben meistens die Abschätzung der Prävalenz eines Merkmals, das für die Wahrscheinlichkeitsabschätzung nützlich ist.

Wo liegen die Grenzen der so publizierten Information? Die wichtigste Fehlerquelle ist die des »Selection Bias«. Häufig sind die Selektionskriterien für eine Studienpopulation schwer nachvollziehbar. Dies führt dazu, dass die Studienpopulation nicht mit dem Alltagspatienten übereinstimmt. Aus diesen Studien lassen sich häufig weder Informationen zur Krankheitsprävalenz noch zur Diagnosewahrscheinlichkeit ziehen.

Was unterscheidet gute von weniger guten Diagnostikern?
Gute Diagnostiker formulieren und testen ihre Hypothesen fortlaufend. Schon der erste Kontakt mit dem Patienten generiert unbewusst erste Hypothesen. Die eigentliche Arbeitshypothese soll – dies sei noch einmal betont – am Ende der klinischen Untersuchung stehen. Die Verarbeitung dieser Hypothesen erfolgt nach unterschiedlichen Schemata (vergleichend oder hierarchisch) und unter Berücksichtigung von Wahrscheinlichkeiten. Gute Ärzte gehen dabei systematisch vor und setzen weitere Untersuchungsverfahren gezielt ein. Weniger gute setzen diese Verfahren wie beim Schießen mit einer Schrotflinte ungezielt ein.

Dieser Vorgang lässt wie folgt zusammenfassen:

Den Prozess des diagnostischen Nachdenkens kann man in vier Stufen darstellen. Es ist ein zyklischer Prozess zwischen Vorgeschichte, Beschwerden, klinischer Untersuchung und den Ergebnissen weiterer Untersuchungsverfahren. Aufgrund der Vorgeschichte und des Beschwerdebildes sowie der klinischen Untersuchung werden Arbeitshypothesen generiert.

- *Erste Stufe:* Die Arbeitshypothesen werden durch die Ergebnisse von gezielt eingesetzten Untersuchungsverfahren getestet.
- *Zweite Stufe:* Bei weiter bestehender Unklarheit werden weitere Untersuchungsbefunde erhoben.
- *Dritte Stufe:* Die Befunde werden verwandt, um die Hypothesen zu testen, sie zu modifizieren und evtl. neue zu generieren.

- *Vierte Stufe:* Wenn nötig, d. h. wenn sich keine Arbeitshypothese als richtig erweist, beginnt der Prozess mit der Bildung neuer Hypothesen von vorne.

Für den guten Arzt kann nicht der intuitive Weg, sondern nur ein systematisches Vorgehen der richtige Weg zur Diagnose sein. »Alles Leben ist Problemlösen«, sagte Karl R. Popper. Nicht anders ist es in der ärztlichen Diagnostik.

> *»Alle Organismen sind Erfinder und Techniker, gute oder weniger gute, oder weniger erfolgreich im Lösen von technischen Problemen. Deshalb ist die Gegnerschaft gegen Technik, wie wir sie häufig bei den Grünen finden, Unsinn.«*

Zu einer effektiven Diagnostik gehört im Rahmen des systematischen Vorgehens der Einsatz moderner Technik.

Ich möchte nicht als Technikfeind verstanden werden. Die moderne Medizin ist ohne die sich dauernd weiter entwickelnde Technik undenkbar. Der gute Arzt nutzt diese Technik auch, doch er macht sich nicht zu deren Sklaven.

Zusammenfassung

Diagnostik lässt sich durch ein systematisches und reflektiertes Vorgehen verbessern. Aufgrund von Vorgeschichte, Krankheitssymptomen, Beschwerdebild und körperlichem Untersuchungsbefund werden Arbeitsdiagnosen bzw. Arbeitshypothesen formuliert. Weniger wahrscheinliche Arbeitsdiagnosen werden als Alternativen festgehalten. Die aufgrund der Arbeitshypothesen veranlassten zusätzlichen Untersuchungsverfahren sollen klären, ob die primäre Arbeitsdiagnose bestätigt wird oder ob eine der alternativen Arbeitsdiagnosen zutrifft. Wenn keine dieser Arbeitshypothesen infrage kommt, müssen diese neu formuliert werden.

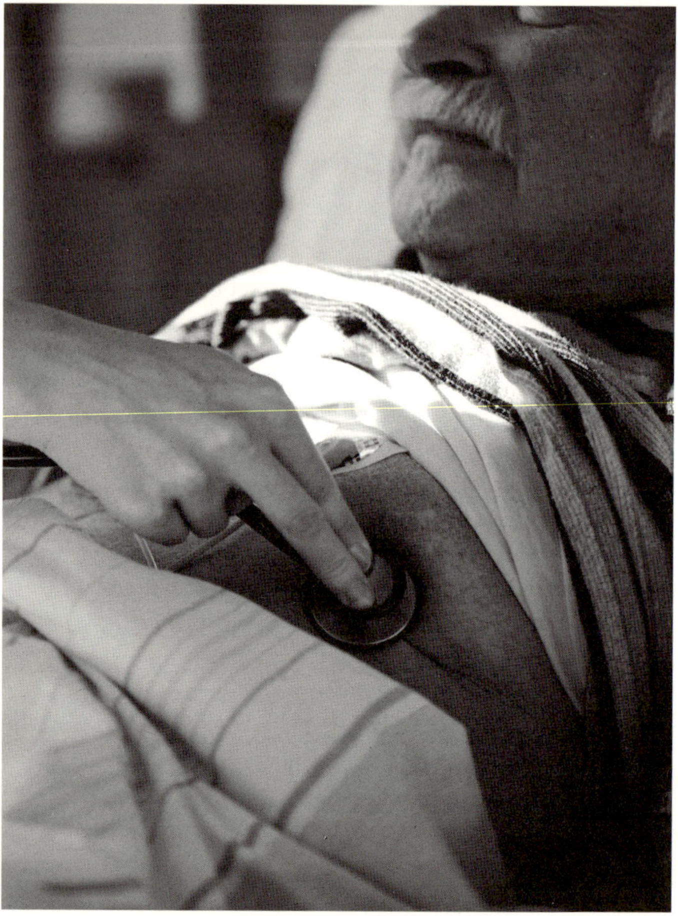

* Der junge Arzt beginnt sein Leben mit
20 Medikamenten für jede Krank-
heit und der alte Arzt beendet
mit einem Medikament 20
Krankheiten

5.5 Die Behandlung

> *»The young physician starts life with 20 drugs for each disease, and the old physician ends life with one drug for 20 diseases.«*
>
> *William Osler*

Die Behandlung stellt die größte Herausforderung an die ärztliche Kunst dar. Die Diagnosestellung ist die intellektuelle Königsdisziplin, den »längsten Atem« und größten Einsatz aber verlangt die Behandlung. Es ist daher nicht verwunderlich, dass nach meiner Erfahrung die Therapiequalität im Allgemeinen weit weniger gut ist als die der Diagnostik. Daher muss ärztliche Kunst darauf abzielen, die Behandlung ebenso erfolgreich zu gestalten wie die Diagnostik.

Warum ist die Behandlung weniger effektiv als die Diagnostik?

Die Diagnostik ist im Vergleich zur Behandlung ein zeitlich begrenztes Verfahren, das mit einem konkreten Ergebnis endet. Die Behandlung einer Krankheit endet dagegen praktisch niemals, da die meisten Krankheiten nicht geheilt, sondern nur gebessert oder für eine gewisse Zeit unterdrückt werden können. Dies gilt auch dann, wenn interventionelle oder operative Verfahren zum Einsatz kommen. Selbst nach einer erfolgreichen Intervention ist in der Regel eine Nachbehandlung notwendig. Der Patient empfindet dieses häufig als paradox. Hier muss der Arzt erklären:

»Die Therapie verlängert Ihr Leben und verbessert Ihre körperliche Leistungsfähigkeit, ohne sie jedoch vollständig zu heilen. Sie werden für immer auf eine ärztliche Überwachung und auf Medikamente angewiesen sein.«

Ein begründeter Verzicht auf Medikamente, Intervention oder Operation kann vom Arzt als therapeutische

Maßnahme eingesetzt werden, um den Patienten zu einer Änderung seiner Lebensführung zu bewegen. »Auf diese Maßnahme könnten wir verzichten, wenn Sie bereit sind, Ihren Lebensstil zu ändern.«

Hinzu kommt: Der informierte Patient ist wichtig für ein Gelingen der Therapie, aber es gibt auch überinformierte Patienten, die ihre Informationen aus dem Internet oder dem Beipackzettel beziehen und sich bei der Therapie selbst im Weg stehen. Liest ein Patient den Beipackzettel, besteht nach aller Erfahrung die Wahrscheinlichkeit, dass Medikamente wieder abgesetzt bzw. von vornherein nicht eingenommen werden. Daher muss der Arzt im Vorgriff auf die Lektüre des Beipackzettels auf mögliche Nebenwirkungen eines Medikamentes eingehen.

Welche Fragen muss sich der Arzt vor Beginn einer Behandlung stellen?

- Ist eine Therapie überhaupt notwendig?
- Was kann durch Änderung der Lebensführung erreicht werden?
- Wie kann man den Verzicht auf eine Therapie positiv begründen?
- Wird der Patient eine vorgeschlagene Behandlung akzeptieren?
- Was will ich mit der Behandlung erreichen?

Ist eine Therapie überhaupt notwendig?

Eröffnet der Arzt einem Patienten, er benötige keine spezielle Therapie, so erntet er selten Widerspruch. In aller Regel stößt diese Empfehlung auf Zustimmung. Die Patienten sind glücklich, wenn sie keine medikamentöse, interventionelle oder operative Therapie benötigen. Allerdings wird der Arzt bei der Mehrzahl der Patienten Maßnahmen zur

Vorbeugung empfehlen, etwa eine Umstellung der Lebensgewohnheiten. Er wird ihm erklären, dass eine zusätzliche Therapie nur dann sinnvoll ist, wenn er bereit ist, seine Lebensführung umzustellen. So einfach diese Empfehlung klingt, so schwierig ist sie für den Patienten umzusetzen.

Wie kann der Arzt seinen Empfehlungen Nachdruck verleihen?

Auch hier hilft das ausführliche Gespräch. Der Patient muss am Ende einsehen, welch entscheidenden Einfluss die Lebensführung auf sein weiteres Leben hat. Er muss verstehen, dass eine veränderte Lebensführung nicht gleichbedeutend mit einem Verzicht auf alle Annehmlichkeiten ist. Andererseits sollte der Arzt seinem Patienten klarmachen, welche Anstrengungen und Opfer dies kostet. Dieser Informations- und Überzeugungsprozess erfordert Zeit und wiederholte Gespräche. Die Umstellung der Lebensführung (z.B. regelmäßiger Ausdauersport, Gewichtsreduktion, Verzicht auf Rauchen, Reduktion des Alkoholkonsums) ist Grundlage aller therapeutischen Maßnahmen bei Erkrankungen des Herz-Kreislauf-Systems. Auch beim Patienten mit Hypertonie oder Diabetes mellitus ist eine Umstellung der Lebensführung Grundlage der weiteren Therapiemaßnahmen.

Was kann durch Änderung der Lebensgewohnheiten erreicht werden?

Hier kann viel mehr erzielt werden, als die meisten Ärzte und Patienten für möglich halten. Die Notwendigkeit einer Änderung der Lebensgewohnheiten ist dem Patienten jedoch schwer verständlich zu machen. Wenn es gelingt, besteht der zweite schwere Schritt darin, die guten Vorsätze in die Tat umzusetzen. Dies kostet erhebliche Mühen und

Opfer. Nach aller Erfahrung sind solche Änderungen am leichtesten bei Kindern und Jugendlichen erreichbar, da sie leichter zu motivieren sind.

Beim Erwachsenen sind Änderungen der Lebensführung dagegen schwierig und werden häufig nur vorübergehend in die Tat umgesetzt. Nur wenn der Patient »mit dem Rücken zur Wand« steht, so nach einem ausgedehnten Herzinfarkt, einer Wiederbelebung bei Herzstillstand oder einer Herzoperation, ist er bereit, erhebliche Änderungen in seinem Alltag in Kauf zu nehmen. Die meisten Patienten haben bei einem solchen Ereignis erlebt, was akute Lebensbedrohung bedeutet. Auch hier bedarf es einer kontinuierlichen Aufklärung, um die Änderung des Lebensstils aufrechtzuerhalten.

Wird der Patient eine vorgeschlagene Behandlung akzeptieren?

Es entspricht ärztlicher Kunst, sich über diese Frage vorab Gedanken zu machen. Häufig fehlt den Ärzten die Antenne dafür, aufgrund der vorangegangenen Gespräche zu erahnen, was der Patient als Therapie vorzieht und welche Therapie er ablehnt. Die Regel für den Arzt muss sein, eine akzeptable Therapie vorzuschlagen und eine Therapie, die für den Patienten nicht infrage kommt, gar nicht erst zur Sprache zu bringen.

Eine weitere Regel ist, das therapeutische Ziel schrittweise zu verwirklichen, etwa die Senkung eines erhöhten Blutdrucks. Der Patient wird die vorgeschlagene Therapie nur dann akzeptieren, wenn ihm Sinn und Nutzen dieser Therapie eingehend erklärt worden ist. Über potenzielle Nebenwirkungen der Therapie sollte er primär nicht durch den Beipackzettel, sondern durch den Arzt informiert werden. Potenzieller Nutzen und potenzielle Nebenwirkungen müssen dem Patienten in verständlichen Worten klargemacht werden. Der Patient muss verstehen, dass der Nutzen der geplanten Therapie die möglichen Nachteile (Nebenwirkungen) weit überwiegt.

Es gehört ebenso zur Aufgabe des Arztes, den Patienten über den Wirkungsmechanismus eines Medikamentes aufzuklären. Nur dann wird er verstehen, warum mehrere blutdrucksenkende Mittel mit unterschiedlichen Wirkungsmechanismen miteinander kombiniert werden. Fast immer fragt der Patient in diesem Zusammenhang: »Muss ich diese Medikamente für immer nehmen?« Oder: »Welche Medikamente kann ich wieder absetzen?«

Häufig reduziert der Patient die Dosierung der Medikamente und auch deren Anzahl ohne Rücksprache mit dem Arzt. Auch diese Angewohnheit sollte der Arzt schon bei Verordnung der Medikation ansprechen. Die Neigung, eine Medikation abzusetzen oder die Dosis zu halbieren, ist besonders groß, wenn der Patient zahlreiche Medikamente einnehmen muss. Die Anzahl der Medikamente sollte daher auf das zwingend notwendige Maß beschränkt werden. Und der Arzt sollte dem Patienten immer wieder einschärfen, dass die Medikamente konsequent eingenommen werden müssen und die Rücksprache mit dem Arzt unerlässlich ist.

»Sie müssen operiert werden.« – Diese Ankündigung löst bei der Mehrzahl der Patienten Angst und Schrecken aus. Abgesehen von Notfällen sollte der Arzt daher niemals abrupt die Notwendigkeit einer Operation ohne eine psychologische Vorbereitung ansprechen.

»Für Ihre Behandlung gibt es verschiedene Möglichkeiten. Wir müssen überlegen, welche für Sie die beste ist und welche Sie persönlich bevorzugen.« – Dann wird der Arzt die unterschiedlichen therapeutischen Möglichkeiten darlegen, selbst wenn er die Operation für unumgänglich hält. Es hat sich dabei bewährt, mit dem Therapieverfahren zu beginnen, das am wenigsten infrage kommt. An letzter Stelle wird er auf die operative Möglichkeit zu sprechen kommen: »Natürlich gibt es den operativen Eingriff, in Ihrem Fall vielleicht nicht das schlechteste Verfahren. Wir sollten es zumindest in Ruhe diskutieren. Heute müssen wir ja die endgültige Entscheidung nicht treffen.« – So wird der Patient schrittweise mit der Alternative »Operation« vertraut gemacht.

»Ich weiß nicht recht, ich kann mich im Moment zu keiner Entscheidung durchringen«, sagen Patienten häufig. – Der Arzt sollte dem Patienten Zeit lassen, ihn keinesfalls zu einem Therapieverfahren drängen, wenn keine Eile geboten ist. Wünscht der Patient eine zweite Meinung, sollte der Arzt ihm dies ermöglichen. Nicht selten steht am Ende der Überlegungen die Frage des Patienten: »Wie würden Sie denn entscheiden, wenn Ihre Frau oder Ihr Sohn Ihr Patient wäre?« – Der Patient fordert hiermit die endgültige Entscheidung vom Arzt. Er selbst fühlt sich überfordert und möchte an die Hand genommen werden. Der Weg zur Entscheidung ist zwar zeitaufwändig, bringt aber meist den gewünschten Erfolg.

Was will ich mit meiner Therapie erreichen?

Der Arzt muss sich über das Ziel der Therapie im Klaren sein und dies mit dem Patienten besprechen. Häufige Einwände von Ärzten lauten:

- »Das versteht der Patient doch nicht!«
- »Der ist doch absoluter Laie und viel zu einfach gestrickt.«

Auch komplexe Therapieziele lassen sich in für den Patienten verständliche Worte fassen, man muss nur die richtige Formulierung finden.

Fallbeispiel
Frau B., 53 Jahre alt, wird mir von einem Kollegen mit der Frage nah der notwendigen Therapie zugewiesen. Sie hat im Alltag wenige Beschwerden und möchte nach Möglichkeit eine medikamentöse Dauertherapie vermeiden. Die Funktion der linken Herzkammer ist deutlich eingeschränkt (Auswurfleistung etwa 35 %). Es ist schwierig, Frau B. klarzumachen, weshalb sie bei eingeschränkter linksventrikulärer Funktion einen ACE-Inhibitor und einen Betablocker einnehmen muss – besonders schwierig deshalb, da sie durch diese Medikation zunächst keinerlei Besserung spürt, gelegentlich sogar nur unerwünschte Wirkungen empfindet. Da hilft nur eine deutliche Sprache: »Ihre Herzmuskelschwäche schränkt längerfristig Ihre Lebenserwartung ein, Sie werden damit früher sterben als andere Menschen. Um diesen vorzeitigen Tod abzuwenden, müssen Sie diese Medikamente ganz konsequent einnehmen. Sie können so Ihr Leben verlängern und Ihre Lebensqualität auf Dauer verbessern.«
So oder so ähnlich habe ich begründet, weshalb die Einnahme dieser Medikamente zwingend notwendig ist.

5.5.1 Überangebot interventioneller und operativer Maßnahmen

Kein Zweifel, in einigen Ländern der westlichen Welt, insbesondere in Deutschland, gibt es ein Überangebot interventioneller und operativer Therapieverfahren. Dies gilt z. B. für therapeutische Maßnahmen in der Kardiologie/Herzchirurgie, Orthopädie und Dermatologie. Dieses Überangebot führt oft zur »Übertherapie«, also zu unnötigen therapeutischen Maßnahmen.

Triebfeder des Überangebots sind im Wesentlichen ökonomische Interessen der pharmazeutischen und medizintechnischen Industrie. Triebfeder der Übertherapie sind im Wesentlichen ökonomische Interessen der Krankenhausträger und der Ärzte. Makaber und kritikwürdig ist, dass leitende Ärzte von Krankenhausträgern häufig veranlasst werden, durch finanzielle Anreize mehr interventionelle oder operative Leistungen zu erbringen als zwingend notwendig.

Neben den finanziellen Interessen sind viele interventionell und operativ tätige Ärzte so von ihrer Tätigkeit überzeugt, dass sie andere Therapieverfahren nicht als ausreichend oder gleichwertig ansehen. Es gilt das Motto »Viel hilft viel.« Wie willkürlich die Indikationsstellung zu bestimmten interventionellen oder operativen Maßnahmen ist, zeigt sich häufig bei Einholung einer zweiten Meinung.

Gibt es eine Lösung für dieses Problem?

Nicht eine einzige, sondern mehrere Maßnahmen sollten m. E. in der Lage sein, diese unerfreuliche Situation zu bessern: Die finanziellen Anreize für die medizintechnische Industrie müssen vermindert werden. Neue interventionelle und operative Maßnahmen sollten analog der Zulassung von Arzneimitteln erst nach strenger klinischer Prüfung als honorarfähige Leistungen anerkannt werden (ähnlich wie in den Niederlanden oder USA).

- Die finanziellen Anreize für die Krankenhausträger müssen vermindert werden.
- Die Überbewertung technischer Leistungen im Vergleich zur persönlichen Betreuung der Patienten muss abgebaut werden.
- Der Wettstreit zwischen interventionellen und chirurgischen Aktivitäten muss beseitigt werden, z. B. durch Finanzierung aus einem gemeinsamen Budget.
- Die Indikation zur »second opinion« durch einen nicht beteiligten Fachmann sollte großzügig erfolgen.

Wie notwendig solche Veränderungen sind, zeigt sich daran, dass bestimmte interventionelle und operative Maßnahmen in bestimmten Regionen Deutschlands 2- bis 3-mal häufiger durchgeführt werden als in anderen, und zwar nicht nur im kardiologisch-kardiochirurgischen Sektor, sondern auch in anderen Fachgebieten. Zu solchen Leistungen gehören z.B. die Entfernung der Gaumenmandeln, des Blinddarms, Wirbelsäulenoperationen, die Vorhofflimmerablation und die Implantation von Herzklappen mittels Kathetertechnik.

Heute zugängliche Statistiken zeigen, dass die Verfügbarkeit aller medizintechnischen Leistungen ohne Wartezeit nicht zu einer Senkung der kardiovaskulären Sterblichkeit führt. Deutschland ist weltweit Spitzenreiter in der Anwendung interventioneller und operativer Verfahren – dennoch kein »Spitzenreiter«, was eine besonders niedrige kardiovaskuläre Morbidität und Mortalität angeht.

Fallbeispiel

Der nächste Patient in meiner Sprechstunde ist Herr L., 90 Jahre. Er ist insgesamt »gut in Schuss«, bewegt sich mühsam am Stock. Man hat ihm empfohlen, die Aortenklappe mittels Kathetertechnik ersetzen zu lassen, da der Gradient im Mittel über 40 mmHg betrage. Er kommt in die Sprechstunde, da er keinerlei Beschwerden seitens des Herzens hat und im Alltag ohne Probleme zurechtkommt. Er bezweifelt, dass eine solche Maßnahme notwendig ist.

Ich befrage Herrn L. eingehend nach seinen Beschwerden. Ganz evident: Sein Problem liegt bei seinen Schmerzen in der linken Hüfte, im linken Bein und in der Lendenwirbelsäule. Typische Beschwerden durch eine Einengung der Aortenklappen spielen keine Rolle. Am Schweregrad der Klappenerkrankung gibt es andererseits keinen Zweifel.

Wenn die Erkrankung der Aortenklappe keine Beschwerden verursacht, sollte man diese auch im hohen Lebensalter ersetzen? Wozu? Um die Lebenserwartung zu verbessern? Stehen in diesem Alter Nutzen und Risiko noch in einem vernünftigen Verhältnis?

Mein Urteil ist klar: Keine Operation oder Intervention der Aortenklappenstenose, da diese für den Patienten im Alltag nicht leistungsbegrenzend ist. Eine Verlängerung der Lebenserwartung allein sollte in diesem Alter nicht ausschlaggebend sein.

Zusammenfassung
Die medikamentöse, interventionelle und operative Therapie muss in ein therapeutisches Gesamtkonzept eingebunden sein. Teil dessen sollten unbedingt auch Empfehlungen zur Lebensführung sein. Dreh- und Angelpunkt des Therapieerfolgs ist es, dem Patienten in ausführlicher und verständlicher Form den Sinn der jeweiligen therapeutischen Maßnahme zu erklären. Nur wenn er die Notwendigkeit der Therapie versteht, wird der Patient die verordnete Therapie einhalten.

5.5.2 Alternative Behandlungsverfahren

Wenn ich mich im Folgenden nur eingeschränkt und beispielhaft zu alternativen Therapieverfahren äußere, so liegt das nicht an einer grundsätzlichen Ablehnung, sondern daran, dass eine ausführlichere Darstellung den Rahmen dieses Buchs sprengen würde.

Trotz aller Erfolge der sogenannten Schulmedizin werden insbesondere in der Allgemeinmedizin und der Inneren Medizin alternative Behandlungsverfahren zunehmend häufig eingesetzt. Zur ärztlichen Kunst gehört es, sich mit diesen Verfahren auseinanderzusetzen, um dem Patienten plausibel zu machen, unter welchen Umständen ihr Einsatz sinnvoll ist und unter welchen Bedingungen nicht.

»Wer heilt, hat Recht!« Oberstes Ziel ärztlicher Tätigkeit ist die Heilung des Patienten – aus Sicht des Patienten, aber auch der des Arztes. Dabei können die Beurteilungen der Therapie durch den Patienten und Arzt durchaus unterschiedlich sein. Was der Patient subjektiv als Heilung bzw. Besserung ansieht (weniger Beschwerden, bessere körperliche Leistungsfähigkeit, Vermeidung starker Medikamente), kann aus Sicht des Arztes durchaus fragwürdig sein und dem Heilungsverlauf der Krankheit unzuträglich sein.

Die alternative Therapie kommt unter folgenden Bedingungen zum Einsatz:

- als Alternative zu schulmedizinischen Verfahren,
- zusätzlich und ergänzend zu schulmedizinischen Verfahren,
- als Alternative zur Schulmedizin bei deren Unwirksamkeit oder Unverträglichkeit.

Die Neigung vieler Patienten zu alternativen Therapieverfahren verwundert nicht. So ist die schulmedizinische Therapie aus der Sicht des Patienten häufig nicht erfolgreich und mit zahlreichen Nebenwirkungen belastet. Und eine Verbesserung der Lebenserwartung ist für den Patienten im Alltag häufig nicht unmittelbar spürbar, dagegen sehr wohl die unangenehmen Begleitwirkungen der schulmedizinischen Therapie. Außerdem nehmen sich alternative Therapeuten meist mehr Zeit für den einzelnen Patienten und erfüllen damit eine wesentliche Erwartung des Patienten.

Zu den sogenannten alternativen Behandlungsverfahren gehören Naturheilverfahren, Homöopathie, anthroposophische Medizin, Placebo-Therapie und Phytotherapie. Das wichtigste alternative Behandlungsverfahren ist die Nutzung des Placebo-Effektes:

Placebo-Therapie

An der Effektivität des Placebo-Effektes gibt es bei zahlreichen Krankheiten keinen Zweifel. Er sollte immer, wenn es möglich ist, eingesetzt werden, da er unschädlich ist und ohne Nebenwirkungen bleibt. Placebo-Effekte sind nichts Geheimnisvolles, sondern lassen sich größtenteils erklären.

Fallbeispiel

Für die Erklärung ihrer Krankheit und die Begründung der Therapie lasse ich mir bei Frau A. bewusst viel Zeit. Ich kenne ihre Skepsis gegenüber Medikamenten. Andererseits ist ihre Hypertonie behandlungsbedürftig. Ich gebe ihr ganz bewusst eine subtherapeutische Dosis eines Medikamentes gegen den hohen Blutdruck. Nach einiger Zeit berichtet sie mir über die günstigen Effekte des Medikamentes auf den Blutdruck, sie fühle sich schon sehr viel besser. Ja, plötzlich akzeptiert sie sogar eine Verdopplung der Dosis des bisherigen Medikamentes und damit eine niedrig dosierte Therapie. Es wäre falsch gewesen, ihr die Placebo-Wirkung der subtherapeutischen Dosis zu erklären.

Schwieriger ist die Situation, wenn Patienten es ablehnen, »Medikamente der Schulmedizin« überhaupt einzunehmen. Dann bleibt dem Arzt für den Moment nichts anderes übrig, als den Wirkungsmechanismus des Placebo-Effekts zu erklären.

Besteht eine dringliche und eilige schulmedizinische Behandlungsindikation, so darf sich der Arzt nicht auf eine Placebo-Medikation oder die Gabe eines sogenannten alternativen Heilmittels, dessen Wirksamkeit nicht gesichert ist, einlassen. Sinnvoll kann es in diesem Fall sein, eine zweite Meinung einzuholen. Notfalls muss die Zuweisung an einen anderen Arzt erfolgen.

Sehr viel häufiger besteht eine eindeutige Behandlungsindikation ohne Dringlichkeit, wie bei der Einleitung einer

Therapie gegen einen leicht erhöhten Blutdruck. Wenn der Patient schulmedizinisch wirksame Medikamente strikt ablehnt, so kann der Arzt durchaus versuchen, mit alternativen Heilmitteln den Blutdruck zu senken. Im Einzelfall macht es Sinn, den Patienten mit dieser Behandlungsindikation an einen anderen Arzt zu überweisen, der auf diese Therapie spezialisiert ist.

Nach aller Erfahrung merkt der Patient im Laufe weniger Wochen, dass die sogenannte alternative Therapie gegenüber Bluthochdruck nicht ausreichend wirksam ist, und findet den Weg zu einer schulmedizinischen Blutdrucktherapie. Ähnliches gilt bei der Behandlung einer Fettstoffwechselstörung und einer Erhöhung der Harnsäure. Patienten erkennen Misserfolge der alternativen Therapie besonders leicht, wenn die therapeutischen Effekte messbar sind.

Domäne der Placebo-Behandlung und der alternativen Therapie ist die Behandlung prognostisch günstiger, aber für den Patienten unangenehmer Befindlichkeitsstörungen und Schmerzzustände. Falsch und psychologisch ungeschickt wäre es, wenn der Arzt den Nutzen dieser Therapie gegenüber dem Patienten in Zweifel zieht (»Ob sie Ihnen nutzt, weiß ich nicht. In jedem Fall aber nutzt sie dem Apotheker«). Bei einer entsprechenden Indikationsstellung kann eine alternative Therapie sehr viel nützen und wenig Schaden anrichten.

Der Effekt von Placebo und alternativer Therapien kann die schulmedizinische Therapie unterstützen und verstärken. Die wichtigste Placebo-Wirkung hat bei tragfähiger Vertrauensbasis das Wort des Arztes. Seine Erklärungen zur Wirksamkeit und zum Wirkungsmechanismus eines Medikaments sowie seine Überzeugungskraft verstärken beim Patienten den Glauben an die Wirksamkeit einer bestimmten medikamentösen Therapie. Der Glaube an die Wirksamkeit eines Medikaments kann sich beim Patienten gelegentlich derartig verfestigen, dass er geradezu auf das Präparat einer bestimmten Firma fixiert ist und ein Medikament mit gleichem Inhaltsstoff anderer Herkunft ablehnt.

Es stellt sich ganz allgemein die Frage: Soll der Arzt den Patienten vorab auch über die ungünstigen Begleitwirkungen des Medikaments informieren? Bei der alternativen medikamentösen Placebo-Therapie erübrigt sich die Beantwortung dieser Frage: Denn nach allgemeiner Meinung hat sie keine Nebenwirkungen.

Phytotherapie

»Herr Doktor, mir ist diese Chemie unsympathisch. So etwas ist doch auf Dauer schädlich. Gibt es nicht ein natürliches Mittel, das mir helfen kann?«

Diese Argumente und Fragen, die sich auf schulmedizinische Medikamente beziehen, höre ich praktisch jeden Tag in der Sprechstunde. Sie sind ernstzunehmen, da sie für eine tiefsitzende Abneigung vieler Patienten gegen moderne Arzneimittel sprechen. Die Vorstellung, die Natur könne das Unnatürliche (die Krankheit) am besten selbst heilen, ist ebenso weit verbreitet, wie die Meinung, eine Therapie mit Naturstoffen wäre ohne Nebenwirkungen und ungefährlich.

Manchmal hört man auch von Patienten folgende Argumentation: Diese natürlichen Medikamente (meist Extrakte aus Pflanzen) werden doch schon seit Jahrhunderten in aller Welt mit Erfolg in der Medizin verwandt, »an dieser Therapie muss doch was dran sein«. Sie fragen, ob es nicht doch eine pflanzliche Medizin anstelle der künstlich hergestellten, »chemischen« gebe. Der Hinweis darauf, dass alles Chemie sei, ganz gleich, ob aus der Natur oder im Reagenzglas hergestellt, überzeugt die meisten Patienten nicht. Diesen Patienten kann man im Einzelfall bei entsprechender Indikation mit der Phytotherapie weiterhelfen.

Bei der modernen Phytotherapie wird der Gesamtextrakt aus einer Pflanze mit definierten Inhaltsstoffen als Medikament verabreicht. Der potenzielle Vorteil gegenüber einer Einzelsubstanz besteht darin, dass sich die Inhaltsstoffe des Gesamtextraktes gegenseitig günstig beeinflussen. Nachteilig an einem solchen Gesamtextrakt ist, dass für die gewünschte therapeutische Wirkung immer nur wenige Inhaltsstoffe des Gesamtextraktes benötigt werden. Diese müssen entsprechend hoch dosiert werden, sodass von den anderen Inhaltsstoffen, die für die therapeutische Wirkung eigentlich nicht notwendig sind, durchaus Nebenwirkungen zu erwarten sind.

Insbesondere muss der Arzt seinem Patienten deutlich machen, dass diese Therapie nur für bestimmte Befindlichkeitsstörungen und Beschwerden infrage kommt. Außerdem sollte der Arzt dem Patienten klarmachen, dass die therapeutische Effektivität dieser Therapie in der Regel naturwissenschaftlich aufgrund der Inhaltsstoffe erklärbar ist, in kontrollierten klinischen Studien jedoch meist nicht nachgewiesen werden kann. Dies gilt insbesondere für die Situation, in der Gesamtextrakte auch zur Behandlung schwerwiegender Krankheiten eingesetzt werden.

Homöopathie

Nach der Devise »Ähnliches gegen Ähnliches« soll diese vor gut 200 Jahren durch Samuel Hahnemann eingeführte Therapie wirken (nach altgr. *homoios* = ähnlich). Hierzu wird ein Wirkstoff systematisch so verdünnt, bis er nur noch in Spuren vorhanden ist. Erst dann werden Kügelchen (Globuli) mit dem Wirkstoff befeuchtet.

Die Therapie erfreut sich bei Patienten großer Beliebtheit. Ein guter Arzt sollte niemals den Fehler machen, sie gegenüber einem Patienten grundsätzlich infrage zu stellen. Eine Diskussion mit Patienten, die an diese Therapieform glauben und eine entsprechende Verordnung wünschen, führt zu nichts. Entscheidend ist vielmehr, wozu diese Therapie eingesetzt wird, d.h. welche Krankheit mit dieser Therapie behandelt werden soll.

Bei Bluthochdruck, Asthma bronchiale oder Diabetes mellitus ist diese Therapie nicht wirksam. Zumindest gibt es keine seriösen wissenschaftlichen Beweise für ihre Wirksamkeit. Viele Patienten aber, die einen Arzt aufsuchen, leiden an Befindlichkeitsstörungen und chronischen Schmerzzuständen. Auch Patienten mit ernsthaften Erkrankungen sind hiervon betroffen. Diese Patientengruppen können zusätzlich mit homöopathischen Medikamenten behandelt werden, ohne Risiko von Nebenwirkungen oder Überdosierungen.

Keinesfalls sollte ein guter Arzt gegenüber dem Patienten äußern, dass diese Therapie auf einem Placebo-Effekt beruhe, oder etwa sagen, dass nicht Ähnliches gegen Ähnliches, sondern Nichts gegen Nichts das Prinzip dieser Therapie sei.

Zusammenfassung

Zur ärztlichen Kunst gehört es auch, alternative Therapieverfahren, wenn indiziert, einzusetzen. Eine Indikation stellt sich z.B. bei Befindlichkeitsstörungen, chronischen Schmerzzuständen und bei Patienten, die dringlich eine Therapie wünschen, ohne dass es hierfür schulmedizinische Alternativen gibt.

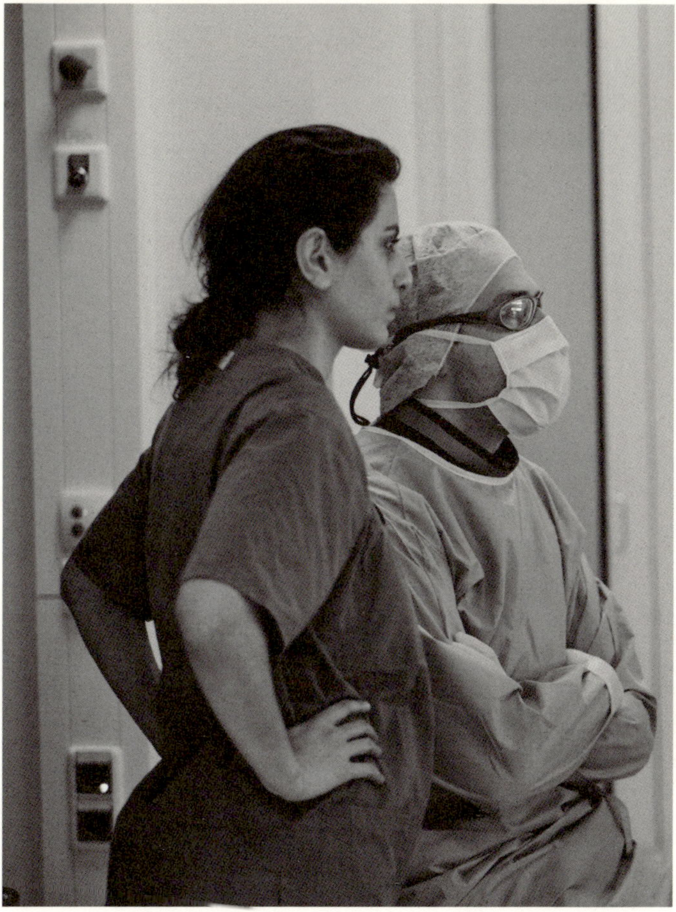

6 Verhalten, das nicht zu einem guten Arzt passt

Um ein guter Arzt zu sein, muss man bestimmte Eigenschaften haben und die oben erwähnten Verhaltensweisen pflegen. Um das noch deutlicher herauszuarbeiten, werde ich im Folgenden beschreiben, wie sich ein guter Arzt *nicht* verhalten sollte.

Dem Patienten seine Meinung aufzwingen

Nachfragen des Patienten zu Diagnostik und Therapie dürfen einen guten Arzt nicht aus der Ruhe bringen. Sollte es in seltenen Fällen doch einmal so sein, dass der Patient hartnäckig fragt und nachbohrt und ganz bewusst die Konfrontation sucht, hat sich folgendes Vorgehen bewährt: Ich schweige ganz bewusst, wenig später fehlen dem Patienten die Worte, er schweigt ebenfalls. Manche Patienten realisieren in diesem Augenblick das Ungewöhnliche der Situation. Ich warte nochmals einen Augenblick und erwecke den Eindruck, nachzudenken und nach einer Lösung unserer Meinungsverschiedenheit zu suchen.

»Ich bin ein wenig ratlos, aber ich mache Ihnen folgenden Vorschlag: Sie sagen, was zu tun ist, machen einen Vorschlag, wie es weitergehen soll! Ich werde Ihnen sagen, inwieweit ich diesen für vernünftig halte und, wenn irgendwie zu verantworten, ihm folgen. Sie übernehmen damit natürlich auch die Verantwortung für Ihre Behandlung.« – Spätestens jetzt merken die meisten Patienten, dass sie in ihrer Rechthaberei zu weit gegangen sind. Insbesondere scheuen Sie davor zurück, die Verantwortung für ihre eigene Behandlung zu übernehmen.

In keinem Fall sollte der Arzt drohen, die Betreuung eines Patienten einzustellen, wenn dieser nicht bereit ist, seinen Ratschlägen zu folgen. Anders liegt die Situation, wenn der Arzt vorschlägt, eine eingreifende Untersuchung oder therapeutische Maßnahme (z. B. eine Operation) vorzunehmen. Naturgemäß scheut ein Patient davor zurück. Er fragt nach Alternativen und danach, ob man das Ziel nicht auch durch andere, weniger aufwändige und risikoärmere Maßnahmen erreichen kann. Diese durchaus berechtigten Fragen kommen insbesondere von Patienten, die sich schon vor der Konsultation informiert haben, z. B. via Internet. Die Informationen haben zu einem größeren Wissen, aber häufig auch zu einer erheblichen Verwirrung und Verunsicherung beigetragen. Konkrete Schlussfolgerungen bezüglich der bei ihm selbst notwendigen Maßnahmen kann der Patient aus diesen Informationen meist nicht ziehen.

Auf Nachfragen sollte der Arzt niemals genervt oder gar aggressiv reagieren. Der Patient hinterfragt die vorgeschlagenen Maßnahmen aus gutem Grund. Ihm ist durch Presse und Fernsehen bewusst, dass in Deutschland eine Reihe von diagnostischen Verfahren, aber auch Interventionen und Operationen häufiger als unbedingt notwendig durchgeführt werden. Bei schwerwiegenden und schwierigen diagnostischen und therapeutischen Entscheidungen ist daher die Einholung einer zweiten Meinung sinnvoll. Selbst wenn der behandelnde Arzt nicht von Notwendigkeit und Nutzen einer Zweitmeinung überzeugt ist, sollte er dem Wunsch seines Patienten nachgeben.

Von der Einholung einer Zweitmeinung abzuraten oder die Unterlagen des Patienten nicht zur Verfügung zu stellen passt nicht zu einem guten Arzt. Die Einholung einer Zweitmeinung ist keine Misstrauenserklärung gegenüber dem primär behandelnden Arzt. Auch ein Arzt, dem der Patient vertraut, muss sich darüber im Klaren sein, dass es in einzelnen Fachdisziplinen immer Spezialisten gibt, die über größere Erfahrung und mehr Wissen verfügen als er selbst.

Bei der Einholung einer Zweitmeinung sind einige Dinge zu beachten:

Der primär verantwortliche Arzt sollte dem hinzugezogenen die Ergebnisse der bisherigen Untersuchungen zur Verfügung stellen.

Der primär verantwortliche Arzt kann, muss aber nicht bei der Auswahl des Beraters mitwirken. Es ist sinnvoll, dass der Berater persönlich mit dem Patienten spricht und nicht nur dessen Befunde durchsieht. Bei einigen Patienten ist eine zusätzliche körperliche Untersuchung durch den Berater angemessen. Dieser sollte im Normalfall (Ausnahmen sind im Einzelfall möglich) keine weitere Diagnostik veranlassen. In keinem Fall sollte der Berater eigene therapeutische Interventionen bei dem Patienten unternehmen. Dagegen darf der Patient erwarten, dass der Berater eine schriftliche Stellungnahme abgibt. Es ist aber nicht sinnvoll (geschieht aber immer häufiger), dass ein Patient mehrere Zweitmeinungen einholt.

Die Einholung mehrerer Zweitmeinungen kann bei dem Patienten zu einer massiven Konfusion führen, vergleichbar mit jener Wirkung, die extensive Internet-Recherchen über mögliche neue Therapieverfahren ausüben. Bei der Auswahl des operativen Zentrums bzw. besten Operateurs sollte der Berater am besten mehrere, vergleichbar gute Alternativen nennen. Die Einholung einer Zweitmeinung erübrigt sich bei Routinemaßnahmen, bei einfachen Fragestellungen und natürlich bei Notfallmaßnahmen.

In keinem Fall reagiert ein guter Arzt bei der Bitte eines Patienten um eine Zweitmeinung genervt, beleidigt oder ablehnend. Er sollte eine Zweitmeinung auch als Entlastung seiner Person bei komplizierten Entscheidungen sehen.

Wie gegenüber jenen Patienten, die alles hinterfragen und alles ablehnen, muss sich der Arzt gegenüber solchen Patienten durchsetzen, die alles an Diagnostik und Therapie fordern, was möglich ist, nach dem Motto: »Ich zahle so viel für meine Krankenkasse, da steht mir doch auch alles zu, was verfügbar und erstattungsfähig ist.« Diese Patienten sind oftmals enttäuscht, wenn man ihnen in der Sprechstunde nach dem Gespräch und der Untersuchung erklärt, dass alles in Ordnung und weitere Untersuchungen oder eine Änderung der Therapie nicht erforderlich seien. Sie glauben dann, der Arzt enthalte ihnen etwas vor, was ihnen zustünde.

Auch der Verzicht auf weitere Untersuchungen oder Therapiemaßnahmen bedarf einer Erklärung. Der Arzt muss dem Patienten klarmachen, dass dies eine positive Nachricht ist.

Auf den Patienten Druck ausüben

Ein Arzt kann im Laufe der Behandlung Kraft seiner Autorität Druck oder gar Zwang auf den Patienten ausüben. Er sollte dies jedoch in keinem Fall tun. Diagnostische Verfahren und therapeutische Maßnahmen, die unter Druck durchgeführt werden, helfen dem Patienten nicht weiter, da der innere Widerstand einer erfolgreichen Therapie entgegenwirkt. Sämtliche diagnostischen Verfahren müssen vom Arzt dem Patienten gegenüber begründet werden. Anderenfalls haben Patienten nicht selten und nicht zu Unrecht den Verdacht, die Untersuchung würde als eine Routinemaßnahme oder zur Erwirtschaftung von Gewinnen durchgeführt werden. Der Patient will wissen, was die Konsequenzen einer weiteren diagnostischen Maßnahme sind.

Auch auf weitere Fragen muss der Arzt eine Antwort parat haben. Lässt sich der Patient trotz eines eingehenden Gesprächs nicht von der Notwendigkeit der Untersuchung überzeugen, sollte der Arzt auf deren Durchführung verzichten und den Patienten über die Konsequenzen informieren. Noch eingehender muss die Information vor Start einer Therapiemaßnahme sein. Auch hier gilt es, den Patienten zu überzeugen und trotzdem keinen Druck auszuüben.

Fallbeispiel

Nein, er habe bislang immer einen eher niedrigen Blutdruck gehabt, hohe Blutdruckwerte könnten eigentlich nicht sein. Ich empfehle Herrn H., in den nachfolgenden sechs Wochen den Blutdruck selbst zu messen und aufzuschreiben. Außerdem vereinbaren wir die Durchführung einer 24-Stunden-Blutdruckmessung.

Es trat ein, was ich erwartet hatte: Die Blutdruckwerte von Herrn H. waren eindeutig zu hoch und damit behandlungsbedürftig. Trotzdem war der Patient mit einer medikamentösen Therapie seines Blutdrucks nicht einverstanden. Er wollte zuwarten, ob sich die Blutdruckwerte nicht von selbst normalisieren.

Ich sagte: »Wenn Sie sich jetzt nicht zu einer medikamentösen Therapie ihres hohen Blutdrucks entschließen können, sollten Sie noch einmal nachdenken und weitere Informationen einholen. Ihr Blutdruck ist vermutlich schon seit Jahren zu hoch, jetzt kommt es auf vier Wochen auch nicht mehr an. In jedem Fall sollten Sie abnehmen, Ihren Salzkonsum reduzieren und regelmäßig körperlich trainieren. Was Sie auf keinen Fall machen sollten, ist die Angelegenheit einfach vergessen oder verdrängen. Die Gefahr eines Schlaganfalls ist zu groß.«

Etwa sechs Wochen später erschien Herr H. erneut in meiner Sprechstunde. Die Ergebnisse der täglichen Blutdruck-Selbstmessung, die er weiter fortgeführt hatte, haben ihn von der Notwendigkeit einer medikamentösen Therapie überzeugt.

Dem Patienten Angst einjagen

Spontaneität im Umgang mit den Patienten stärkt deren Vertrauen in ihren Arzt. Allerdings darf dies nicht so weit gehen, dass sich der Arzt zu unbedachten Äußerungen verleiten lässt. Die meisten Patienten legen die Worte des Arztes auf die Goldwaage. Das beginnt schon mit der Begrüßung des Patienten: »Sie sehen aber richtig krank aus.« Oder: »Man sieht Ihnen an, dass Sie sich schlecht fühlen.« – Was gut gemeint ist und Mitgefühl demonstrieren soll, lässt die Patienten sich erst richtig krank fühlen.

Es geht weiter mit der Untersuchung: »Sie haben ja ganz schön Speck auf den Rippen.« Oder: »An Ihnen ist ja nichts mehr dran.« Oder: »Sie sind ja auch nur noch Haut und Knochen.« – So zutreffend diese Beobachtungen sein mögen, so wenig helfen sie dem Patienten.

Die meisten Gelegenheiten, den Patienten zu verletzen, bieten sich dem Arzt, wenn er die Untersuchungsbefunde des Patienten bespricht. Niemals sollte der Arzt den Grundtenor der Untersuchungsergebnisse negativ schildern: »Bei Ihren Laborwerten stimmt ja fast nichts.« Oder: »So hohe Leberwerte habe ich ja noch nie gesehen.« Oder: »Dass Sie mit diesen Nierenwerten noch herumlaufen …« – Wenn der Patient dies hört, fühlt er sich noch kränker. Psychologisch geschickt ist es vielmehr, alle Laborwerte, die in Ordnung sind, aufzuzählen und dann zu sagen: »Aber …«

Ähnlich sollte der Arzt es mit den anderen Untersuchungsergebnissen halten. Diese sind grundsätzlich mit positivem Tenor zu vermitteln: »Dies ist in Ordnung, das ist in Ordnung, gar keine Probleme, aber eine Sache stimmt nicht.« Formulierungen wie die folgenden sollte der Arzt unbedingt vermeiden:

- »Über Ihre Untersuchungsbefunde mache ich mir doch einige Sorgen.«
- »Unter Ihren Untersuchungsbefunden ist vieles nicht in Ordnung.«
- »In Ihrem Körper ist das meiste nicht so, wie es sein sollte.«
- »Wie Sie mit diesen Befunden weiterleben, weiß ich auch nicht.«
- »Eine einfache Lösung für Ihre Probleme sehe ich nicht.«

Meist äußern Ärzte diese Sätze spontan und unbedacht, manchmal auch, um die Patienten zu »schocken«, sie gefügig zu machen und sie die Abhängigkeit spüren zu lassen. In einigen der Phrasen äußert sich Sarkasmus und Sadismus, in jedem Fall ein fehlendes Einfühlungsvermögen.

Manche Ärzte beabsichtigen, durch solche und ähnliche Äußerungen den Patienten Angst zu machen. Auf diesem Weg sollen die Patienten mit »sanfter Gewalt« zu weiteren diagnostischen und therapeutischen Maßnahmen veranlasst werden, oft mit drohendem Unterton: »Wenn Sie diesem Vorschlag nicht folgen, riskieren Sie ihr Leben.« Es gibt sogar Ärzte, die damit drohen, die weitere Fürsorge zu entziehen, wenn der Patient sich den vorgeschlagenen Maßnahmen verweigert. Ein solches Verhalten widerspricht jeglicher guten ärztlichen Praxis und ist in keinem Fall akzeptabel. Im Gegenteil: Ein guter Arzt muss seinem Patienten eine mögliche Lösung seines Problems anbieten, auch dann, wenn die Situation nahezu unlösbar zu sein scheint. Dabei braucht der Arzt nichts zu schönen oder dem Patienten etwas vorzumachen. In jedem Fall muss der Arzt seinem Patienten eine Therapie anbieten, auch dann, wenn von dieser nicht der Durchbruch zu erwarten ist. Deprimierend und schwer erträglich ist es für einen Patienten, wenn der Arzt ihm eröffnet, dass in seiner Situation keine Therapie mehr möglich sei, er »ausbehandelt sei« oder der Arzt selbst mit den therapeutischen Möglichkeiten am Ende sei.

Belastende Themen ausklammern

Manchmal bemerkt der Arzt, dass es noch Problemfelder gibt, die den Patienten bedrücken, die er aber nicht freiwillig zum Thema macht: Ehe, Beruf, Ansehen in der Gesellschaft, Alkohol, finanzielle Sorgen und »dumme Angewohnheiten«. Die Sorgen des Privatlebens von ärztlicher Seite anzusprechen kann sowohl für den Krankheitsverlauf als auch für die Bewältigung der krankheitsbedingten Beschwerden ausschlaggebend sein. Der Erfolg oder Misserfolg therapeutischer Maßnahmen kann hiervon ebenso abhängen, wie die »Führbarkeit« des Patienten auf lange Sicht. Daher muss der Arzt diese Probleme einbeziehen, er muss es zumindest versuchen. Dem Patienten ist häufig schon dadurch geholfen, dass der Arzt den Versuch unternimmt, über diese Sorgen mit ihm zu sprechen.

Krankheiten haben nämlich zwei Seiten: die körperliche (deshalb kommt der Patient in der Regel zum Arzt) und die seelische (sie wird häufig weder vom Arzt noch vom Patienten gesehen). Bei vielen chronischen Krankheiten spielt die seelische Seite eine entscheidende Rolle, gerade in der Krankheitsbewältigung. Der Arzt muss entscheiden, ob er hier selbst helfen kann oder ob er psychotherapeutische Hilfe hinzuziehen muss. Wichtig ist allein, dass er bei zusätzlichen seelischen Problemen deren eigenen Krankheitswert erkennt und entsprechende Konsequenzen zieht.

Ein Arzt kann auch zu dem Ergebnis kommen, dass bei einem Patienten gar keine körperliche Krankheit vorliegt und sich die Probleme primär im seelischen Bereich abspielen. Es erfordert vom Arzt einen guten diagnostischen Blick, aber auch Fingerspitzengefühl, eine solche Verdachtsdiagnose dem Patienten, der von seiner körperlichen Krankheit überzeugt ist, näher zu bringen.

Zusammenfassung

Was nicht zu einem guten Arzt passt:

- Dem Patienten seine Meinung aufzwingen.
- Auf den Patienten Druck ausüben.
- Dem Patienten Angst einjagen.
- Unangenehme Probleme ausklammern.

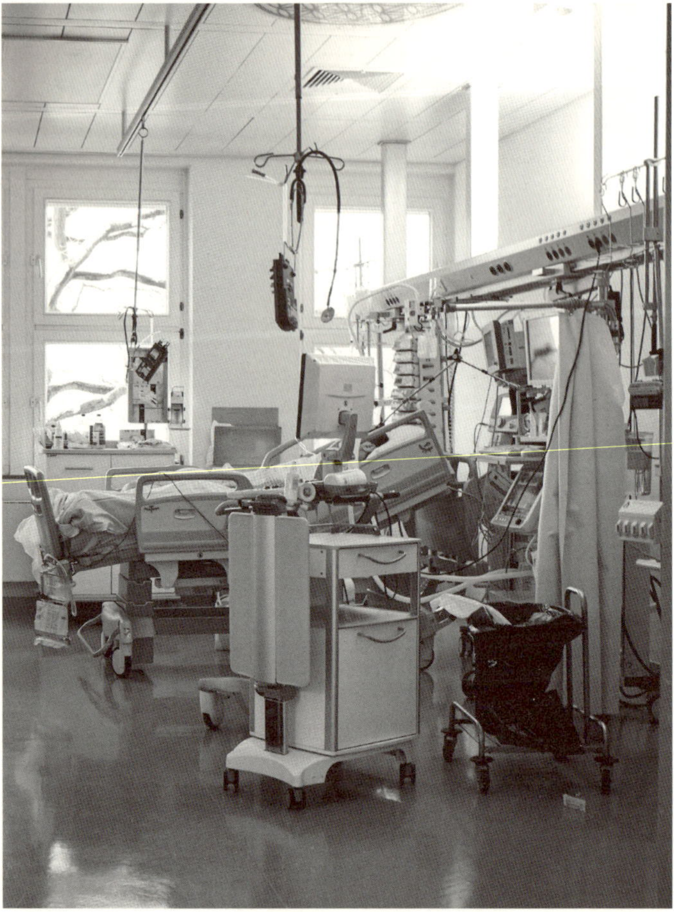

7 Wie geht ein guter Arzt mit Grenzsituationen um?

> *»Die Medizin sollte nicht nur dem Leben Jahre geben, sondern auch den Jahren Leben.«*
>
> *Lichtenberg*

Zu einem guten Arzt gehört es, sich Gedanken über die Grenzen in Diagnostik und Therapie zu machen. Eine Grenze kann durch die objektiven Bedingungen gegeben sein, eine andere durch die eigene (subjektive) Entscheidung gezogen werden. Eine Grenze setzt auch die nicht mehr beeinflussbare Krankheit oder das nahe Ende des Lebens. Nachfolgend geht es um die subjektive Begrenzung diagnostischer und therapeutischer Maßnahmen. Der klinische Alltag nötigt dem Arzt häufig Entscheidungen ab, die eine Begrenzung seiner Maßnahmen darstellen. Warum sind solche Entscheidungen schwierig?

Eine bewusste Begrenzung diagnostischer und therapeutischer Maßnahmen widerspricht auf den ersten Blick den Interessen des Patienten, den gesellschaftlichen Erwartungen und auch dem ärztlichen Ethos. Allerdings steht außer Frage, dass in den meisten Gesundheitssystemen bestimmte Leistungen im hohen Lebensalter limitiert werden, z. B. Herztransplantation, Nierentransplantation und Dialyse-Therapie.

Weshalb keine weitere Diagnostik?

Natürlich geht es bei dieser Frage nicht darum, bei einem Patienten von vornherein auf weitere Diagnostik und Therapie zu verzichten. Gemeint ist stattdessen, diagnostische und therapeutische Maßnahmen dann bewusst zu begrenzen, wenn ein direkter Nutzen für den Patienten nicht zu erwarten ist. Der Arzt muss dem Patienten bzw. dessen Angehörigen erklären, wie begrenzt der Nutzen weiterer Diagnostik und Therapie ist.

Dem steht das heute praktizierte Abrechnungssystem medizinischer Leistungen entgegen. Ärzte und Krankenhäuser werden für erbrachte Sachleistungen honoriert. Dieses System provoziert diagnostische und therapeutische Maßnahmen auch dann, wenn sie für den Patienten nicht unbedingt von Nutzen sind. Es impliziert, dass die ärztliche Leistung häufig in der Anordnung von möglichst zahlreichen diagnostischen und therapeutischen Maßnahmen besteht. Die eigentliche ärztliche Leistung, also die fachkompetente Beratung und Begleitung eines Patienten, wird dagegen unzureichend honoriert. So wird die ärztliche Kunst durch unser Abrechnungssystem zwar nicht verhindert, aber doch konterkariert.

Unser Abrechnungssystem treibt außerdem die Kosten des gesamten Gesundheitssystems in die Höhe. Gegen überflüssige diagnostische Maßnahmen sprechen aber nicht nur die Kosten. Viel wichtiger ist die unnötige Belastung und Belästigung des Patienten. Diese Untersuchungen gehen mit Aufregung und Zeitaufwand für den Patienten einher, manchmal auch mit einem erhöhten Risiko. Es ist daher ein Markenzeichen ärztlicher Kunst, die diagnostischen Maßnahmen auf das zwingend Notwendige zu beschränken. Auch in der Therapie ist nicht selten weniger mehr, ein Verzicht besser als ein Übermaß an Therapie!

Triebfeder der therapeutischen Polypragmasie bei der Verschreibung von Medikamenten ist häufig die unbewusste Vorstellung des Arztes und auch des Patienten, dass viel auch viel hilft. In guter Absicht versucht mancher Arzt alles, um seinem Patienten etwas Gutes zu tun. Dass er damit häufig das Gegenteil von dem erreicht, was er beabsichtigt, ist hinlänglich bekannt.

Keinesfalls bedeutet ein Verzicht auf weitere Diagnostik oder Therapie eine Zeitersparnis für den Arzt. Im Gegenteil. Er sollte die Zeit, die nicht durch eine überflüssige Diagnostik und unnötige Therapie verbraucht wird, nutzen, um sich intensiver mit dem Patienten zu beschäftigen. Zuhören, fragen, antworten und beraten.

Fallbeispiel

Bei Herrn C. fällt mir die Beurteilung des Krankheitsbildes genauso schwer wie die daraus folgende therapeutische Entscheidung. Ich kennen ihn, der 83 Jahre alt ist, seit mehr als 15 Jahren. Damals ging es um die Notwendigkeit einer Schrittmacherimplantation. Die Indikation lag vor, der Zweikammer-Schrittmacher wurde implantiert.

Viele Jahre später sucht mich der Patient wegen zunehmender Atemnot bei körperlicher Anstrengung in der Sprechstunde auf. Der Herzschrittmacher funktioniert bestens, Herr C. ist »gut in Schuss«. Bei der klinischen Untersuchung finden sich keine Zeichen einer Herzschwäche oder einer Lungenerkrankung, die die Beschwerden des Patienten erklären könnten. Die echokardiografische Untersuchung liefert die Lösung des diagnostischen Problems. Es finden sich Zeichen einer ausgeprägten restriktiven Kardiomyopathie (Herzmuskelerkrankung mit massiv verdickten Herzwänden und ausgeprägter Dehnbarkeitseinschränkung der linken Herzkammer). Das Muster des verdickten Herzmuskels spricht für das Vorliegen einer Amyloidose, einer Ablagerung von Amyloid in der Herzmuskulatur.

Soll ich Herrn C. erklären, welche Herzkrankheit seinen Beschwerden zugrunde liegt? Unter dem Begriff Restriktive Kardiomyopathie wird er viele Ursachen bei seiner Recherche im Internet finden. Soll ich ihm die unheilvolle Verdachtsdiagnose Kardiale Amyloidose mitteilen, obwohl es für diese Erkrankung in seinem Alter keine vernünftigen Behandlungsmöglichkeiten gibt? Wir entscheiden uns, die Verdachtsdiagnose Kardiale Amyloidose für uns zu behalten und keine weiteren diagnostischen Maßnahmen einzuleiten. Wir behandeln seine Beschwerden mit einer symptomorientierten Therapie.

Zusammenfassung
Zu einem guten Arzt gehört, sich Gedanken über die diagnostischen und therapeutischen Grenzen seines Handelns zu machen. Dies gilt insbesondere bei fortgeschrittener Krankheit und am Lebensende. Hier muss der Grundsatz gelten: Nicht alles, was möglich ist, muss durchgeführt werden. Wichtigstes Element bleibt auch hier die Fürsorge für den Patienten.

7.1 Therapie am Lebensende

Zu den schwierigsten Entscheidungen des Arztes gehört die Begrenzung und Änderung der Therapie am Lebensende. Dieser Entschluss fällt dem Arzt leichter, wenn der Patient die Situation in einer Patientenverfügung berücksichtigt hat. Wenn nicht, wird sich der Arzt in seinen therapeutischen Entscheidungen nach dem geäußerten oder vermutlichen Willen des Kranken richten.

Meinungsäußerungen der Angehörigen sind manchmal hilfreich, aber durchaus nicht immer. Nicht selten sind sie widersprüchlich und bieten dem Arzt eher Probleme als Lösungen. Oberstes Gebot für den Arzt muss es sein, die Meinung des Patienten als selbstbestimmtes, freies und vernünftiges Wesen zu achten, seine Menschenwürde nicht zu verletzen und Schmerzen, Angst und Qualen von ihm fern zu halten. Um dieses Ziel zu erreichen, darf er eine potenziell lebensverlängernde Therapie unterlassen. Ja, er darf –

aus meiner Sicht – in einem Endstadium des Lebens auch potenziell lebensverkürzende Maßnahmen einsetzen, wenn dem Patienten hierdurch sein Leiden erleichtert wird.

Allerdings sollte ein Arzt sich niemals gegen seinen eigenen Wertekanon gezwungen fühlen, Derartiges zu veranlassen. Im Zweifelsfall muss er bei offensichtlich eklatanten weltanschaulichen Differenzen zur Meinung des Patienten oder dessen Angehörigen die Therapiemaßnahmen einem anderen Kollegen übertragen.

Noch viel schwieriger ist der Umgang mit Kranken am Lebensende, wenn sie an einer Demenz leiden. Der Kranke kann zu Fragen in der Regel nicht mehr Stellung beziehen. Wenn der Demente sich nicht vor Eintritt der Demenz unzweideutig zu den Umständen seines Lebensendes geäußert hat, bleibt für den Arzt nur die Entscheidung, die dem vermutlichen Patientenwillen entspricht. Der Arzt kann nur dessen Willen vermuten. Leidet der Patient? Quält er sich? Möchte er ein vorzeitiges Ende seines Lebens? Dabei entspricht es der Erfahrung, dass Patienten mit Demenz durchaus Freude am Leben haben und Angehörige häufig mehr leiden als die Patienten. Dem Arzt bleibt also nichts anderes übrig, als den Demenzkranken über eine gewisse Zeit zu beobachten und zu beurteilen, inwiefern der Kranke leidet oder Angst hat. Wenn dieser Eindruck durchgängig und unzweideutig ist, darf der Arzt nach den vermeintlichen Wünschen des Kranken entscheiden und auf eine lebensverlängernde Therapie verzichten. Bestimmte Hinweise können für den Arzt die Entscheidung zwischen Lebensverlängerung oder Verzicht auf entsprechende Maßnahmen erleichtern:

- der vor Eintritt der Demenz und/oder der Notfallsituation geäußerte und dokumentierte Wille (Patientenverfügung),
- der mutmaßliche Wille,

- die Meinung der Angehörigen sowie
- die Beratung durch mitbehandelnde und mitbetreuende Ärzte und das Pflegepersonal.

Generell sollte eine ärztliche Entscheidung am Lebensende niemals von einem Einzelnen getroffen werden und niemals ohne gründliche Prüfung und Beobachtung des Patienten über einen längeren Zeitraum. Dabei sollten die Fragestellungen klar sein:

- Lebensverlängernde Therapiemaßnahmen: Ja oder Nein?
- Palliative Therapiemaßnahmen beim schmerzgequälten und/oder unruhigen bzw. angstgeplagten Patienten auch dann, wenn hierdurch eine Verkürzung des Lebens in Kauf genommen wird?
- Wiederbelebungsmaßnahmen bei Herzstillstand?

Die ärztlichen Maßnahmen müssen aus meiner Sicht immer sinngemäß dem Kategorischen Imperativ folgen: Gefordert sind eindeutige und nachvollziehbare ärztliche Handlungen, die zukünftigen Ärzten als Vorbild dienen könnten. Richtschnur ist es, die freie und selbstbestimmte Meinung des Patienten zu achten, aber ebenso den ärztlichen Auftrag, das Leben des Patienten zu erhalten bzw. das Leiden des Patienten zu lindern. Auch in der Grauzone zwischen Leben und Tod darf es keine »faulen Kompromisse« geben.

Die Handlungsprinzipien können im Einzelfall in direktem Konflikt miteinander geraten: der Wunsch des schwerkranken Patienten, der Arzt solle ihm helfen, sein Leben zu beenden oder zumindest hierzu Hilfestellung zu leisten. Diesem Wunsch darf ein Arzt nicht nachkommen. Wenn er es tut, widerspricht er damit dem ärztlichen Prinzip, Leben zu retten und Leiden zu lindern. Im Einzelfall gibt es hiervon Ausnahmen.

Häufig hört man das Argument, es laufe doch auf das Gleiche hinaus: ob man, um das Leiden des Patienten zu lindern, den Tod billigend in Kauf nimmt oder dem Patienten unmittelbar hilft, sein Leben zu beenden. Diese Auffassung ist falsch. Der entscheidende Unterschied liegt in der Qualität des Vorsatzes ärztlicher Maßnahmen: In einem Fall geht es darum, das Leiden zu lindern, im anderen Fall primär darum, den Tod gezielt herbeizuführen. Wenn der Arzt die Absicht der Leidenslinderung ernst nimmt, wandert er immer auf einem schmalen Grat: Ein Zuviel kann den Absturz in den Tod bedeuten, ein Zuwenig lindert die Leiden und Schmerzen des Patienten nicht ausreichend. Mit dieser schweren Entscheidung im Einzelfall bleibt der Arzt letztlich allein.

Mit einer fachlich korrekten und dem Patienten zugewandten Palliativtherapie lässt sich dieses Problem in den allermeisten Fällen lösen. In der Regel sterben Patienten »natürlich« oder infolge des Verzichts auf eine lebensverlängernde Therapie.

Zu einem guten Arzt gehört es, die Entscheidung des vernünftigen, freien und selbstbestimmten Kranken zu respektieren. Wenn dieser im hohen Lebensalter lebensverlängernde Maßnahmen (z. B. eine Hämodialyse-Therapie) ablehnt, sollte der Arzt die Entscheidung des Patienten tolerieren. Gleiches gilt für die nicht selten am Lebensende praktizierte Maßnahme, kaum noch zu essen oder zu trinken. In keinem Fall darf der Arzt in dieser Situation dem Patienten seine ärztliche Fürsorge entziehen, nur weil der Kranke anders entscheidet, als er für sich selbst entschieden hätte.

Zu dieser ärztlichen Fürsorge am Ende des Lebens gehört auch die Verordnung von angstlösenden und beruhigenden Medikamenten, aber auch die Deaktivierung eines implantierten Cardioverter-Defibrillators oder das Ausschalten eines Herzschrittmachers.

Fallbeispiel

An diesem Tag, es war gegen Mittag zum Ende meiner Sprechstunde, sucht mich ein mir lange bekannter Patient auf, selbst Mediziner im 70. Lebensjahr.

»Ich komme heute aus einem ganz anderen Grund in Ihre Sprechstunde. Das Herz macht mir zurzeit keine Probleme, und der Blutdruck ist auch einigermaßen gut eingestellt.« Nach längerer Pause fährt er fort: »Den Grund will ich Ihnen sagen. Wir brauchen dazu etwas Zeit.« Mir fällt auf, dass seine Sprache anders als früher irgendwie kehlig und abgehackt klingt. Hatte er einen kleinen Schlaganfall durchgemacht, konnte er deshalb nicht richtig artikulieren?

»Ich war letzte Woche in der Charité. Dort hat man die Diagnose Amyotrophe Lateralsklerose gestellt. Der Leiter der Abteilung nahm sich reichlich Zeit und sprach mit mir ganz offen über die Diagnose: ›Kein Zweifel, Sie haben eine Amyotrophe Lateralsklerose im Anfangsstadium. Unmittelbare Lebensbedrohung besteht nicht. Allerdings ist diese Krankheit innerhalb von Monaten bis günstigstenfalls Jahren fortschreitend und führt zum vorzeitigen Tod. Eine wirksame Therapie gibt es leider bis heute nicht.‹«

»In diesem Augenblick war mir nicht klar«, so mein Patient, »was diese Diagnose bedeutet, oder genauer: Ich wollte es mir nicht klarmachen. So folgte ich den Erläuterungen des Professors, wie ich in Zukunft die auftretenden Gesundheitsstörungen bessern bzw. beherrschen könnte, ohne Interesse. Es ging um die Art der Ernährung, Sprachtraining, Magensonde, Luftröhrenschnitt und Atmungshilfen. Alles gut gemeint, aber ich hatte genug gehört.«

»Zu Ihnen komme ich heute aus folgendem Grund« – und dabei sah er mich mit klaren und ernsthaften Augen an: »Sie sind der Arzt meines Vertrauens. Sie behandeln mich jetzt seit mehr als zehn Jahren. Sie sollen ab jetzt ärztlich das letzte Wort haben. Wie Sie wissen, ist meine Frau auch Ärztin, sie kann eine solche Verantwortung nicht übernehmen. Sie ist einer solchen Belastung seelisch nicht gewachsen. Ich bitte Sie – da ich Ihnen rückhaltlos vertraue –, meine Behandlung für die letzten Monate meines Lebens in die Hand zu nehmen.«

Ich fühle mich aus langjähriger persönlicher Verbundenheit verpflichtet, ihm zu helfen. »Wenn Sie meine Hilfe benötigen, hier meine privaten Telefonnummern.«

Als er sich wenige Monate später erneut in meiner Sprechstunde vorstellt, ist er körperlich und seelisch am Ende. Er hat seit Wochen kaum noch Festes gegessen und praktisch nur von Flüssigkeit und Joghurt gelebt. Er ist bis auf die Knochen abgemagert. Die Krankheit hat sich zudem auf den übrigen Körper ausgebreitet. Die Muskulatur an Beinen und Armen ist weggeschmolzen, seine Gliedmaßen hängen schlaff herab und sind teilgelähmt. Sein Gang ist langsam und unsicher, er muss sich überall abstützen und fällt häufig hin.

Was er sagen wollte, konnte er selbst nicht mehr ausdrücken, stattdessen macht mir seine Frau klar, was er ausdrücken will.

»Mein Mann ist am Ende. Er will und kann nicht mehr. Man plant jetzt eine Beatmungsbehandlung, und das möchte er auf gar keinen Fall.« Er nickt zu ihren Worten. Und sie fährt fort: »Wann können Sie ihn stationär aufnehmen – ohne künstliche Ernährung und ohne künstliche Beatmung?«

Viel Zeit bleibt nicht, er ist nicht nur extrem abgemagert, sondern auch äußerst bewegungseingeschränkt. Er kann weder sprechen noch richtig schlucken, die Atmung ist unregelmäßig. Über die Notwendigkeit einer sofortigen stationären Aufnahme gibt es keinen Zweifel.

Für mich ist klar: Für den Patienten wäre es eine Gnade, zum jetzigen Zeitpunkt einschlafen zu können. Lebenserhaltende Maßnahmen scheinen nicht sinnvoll. So wird nicht einmal darüber diskutiert, ob man ihn auf der Intensivstation aufnehmen soll oder nicht. Wir entscheiden uns für ein Zimmer auf der Normalstation. Zur Beruhigung und Schmerzdämpfung erhält er alles, was er benötigt. Er fällt in einen tiefen Schlaf.

Doch wie so häufig ist der letzte Schritt auch für meinen Patienten schwer. Und das hat er wohl vorausgeahnt. Er hatte sich selbst

Schmerz- und Beruhigungsmittel besorgt, die er in hoher Dosierung mit seiner flüssigen Kost einnimmt. Am Nachmittag des 6. März werde ich von den Schwestern alarmiert. Er liegt wie tot in seinem Bett und atmet praktisch nicht mehr. Mit einem Mitarbeiter eile ich auf die Station und finde ihn in einem tiefen Schlaf, nicht mehr erweckbar und mit deutlichen Atempausen. Wir stehen lange an seinem Bett. Jede weitere Therapie verbietet sich aus meiner Sicht. Es war der erklärte Wille des Patienten, auf alle weiteren Maßnahmen zu verzichten. In dieser Situation müssen wir davon ausgehen, dass der Patient nicht mehr aufwachen will. Und wir, wir wollen ihn ganz bewusst nicht mehr aufwecken. Doch es dauerte noch fast 48 Stunden, bis er endgültig seine Ruhe fand.

Zusammenfassung

Oberstes Gebot muss es für den behandelnden Arzt sein, den Patienten als selbstbestimmtes, freies und vernünftiges Wesen zu achten und niemals etwas zu tun, was die Würde des Patienten verletzt. Auf Wunsch des Patienten darf der Arzt in der Endphase des Lebens alles unternehmen, um Schmerzen, Qualen und Angst zu beseitigen. Auch dann, wenn dies eventuell zu einer Verkürzung des Lebens führt.

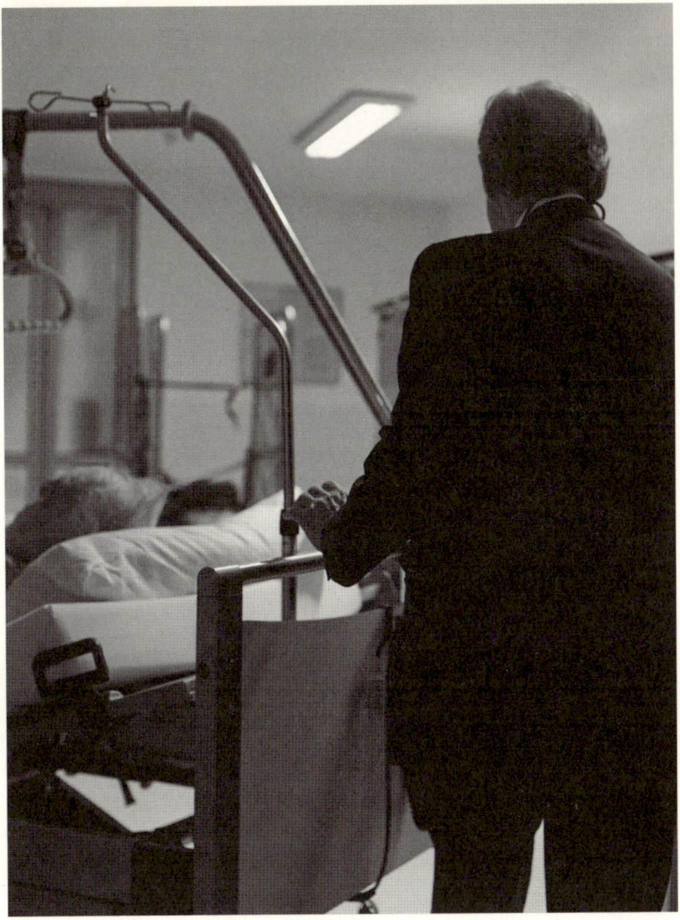

8 Ist ärztliche Kunst erlernbar?

»To study the phenomena of disease without books is to sail an uncharted sea, while to study books without patients is not to go to sea at all.«

William Osler

Über viele Seiten habe ich beschrieben, was ich unter einem guten Arzt und was ich unter ärztlicher Kunst verstehe. Eine zwangsläufige Frage ist für angehende Mediziner und Berufsanfänger: Kann ich diese Kunst erlernen?

Ja, man kann ärztliche Kunst erlernen, nicht in allen, aber doch in den meisten Belangen. Ein guter Arzt zu sein ist keine angeborene oder in die Wiege gelegte Begabung, sondern das Ergebnis eines lange dauernden (Selbst-)Erziehungs- und Lernprozesses.

Wo liegen die Defizite der derzeitigen ärztlichen Ausbildung? Bis heute gibt es weder systematische Untersuchungen noch Curricula, wie die ärztliche Kunst erlernt werden kann. Während des Studiums erfährt der angehende Arzt so gut wie nichts von ärztlicher Kunst, ganz zu schweigen von einer systematischen Ausbildung. Es wird der Eindruck erweckt, als lernte ein Medizinstudent die ärztliche Kunst quasi automatisch, so nebenbei. Tatsächlich kann der junge Mediziner diese erst während seiner Ausbildungszeit zum Arzt erlernen. Während dieser Zeit sind junge Mediziner beim »Erlernen« der ärztlichen Kunst weitgehend auf sich allein gestellt. Meist ist das Ergebnis dieser Selbstausbildung mangelhaft oder zumindest unzureichend.

Bemerkt der angehende Arzt, dass er die ärztliche Kunst noch nicht beherrscht? Findet er einen Lehrer als Vorbild, von dessen ärztlicher Kunst er lernen kann? Auch wenn beides der Fall ist, bleibt die Unterweisung defizitär. Dies gilt umso mehr, als die Auswahlkriterien für potenzielle Lehrer heutzutage weniger deren Fähigkeit als guter Arzt denn jene als Wissenschaftler und Organisator berücksichtigen.

Vieles in der Ausbildung ist dem Zufall überlassen. Der angehende Arzt lernt meist durch Beobachtung seines ärztlichen Lehrers. Wesentliche Elemente des ärztlichen Gesprächs werden nicht oder nur unvollkommen wahrgenommen, meist während der Visite, bei der das Gespräch zwischen Arzt und Patient in verkürzter und stichwortartiger Form geführt wird. Das persönliche Gespräch zwischen Arzt und Patient kommt hier zu kurz. Selten greift der klinische Lehrer korrigierend ein, wenn die Mitarbeiter während einer Visite am Krankenbett gegen die Regeln ärztlicher Kunst verstoßen. Häufig wird die Ausbildung in ärztlicher Kunst mehr durch die Eigenheiten und Vorlieben des klinischen Lehrers bestimmt als durch dessen Neigung, seinen Schülern systematisch beizubringen, wie sie sich als guter Arzt einem Patienten gegenüber verhalten sollten.

Die Folge dessen ist, dass nur wenige junge Ärzte, wenn sie eigenverantwortlich tätig werden, die Kunst des richtigen Umgangs mit dem Patienten beherrschen. Einige lernen es mehr schlecht als recht im Laufe ihrer Tätigkeit aus eigenen Fehlern, die Mehrzahl nie. Der Leidtragende ist der Patient.

Wie könnte die Struktur der ärztlichen Ausbildung aussehen?
Keine Frage: Es besteht dringender Bedarf einer speziellen Ausbildung in der ärztlichen Kunst. Eine solche Ausbildung muss kein weiteres großes Unterrichtsfach im ohnehin überladenen Lehrplan des Medizinstudiums sein. Es kann vielmehr theoretisch und praktisch in einem Semester zum Ende des Studiums gelehrt werden. Eine Alternative

wäre eine obligatorische praxisbegleitende Ausbildung während des praktischen Jahres. Die Lerninhalte muss der Auszubildende kritisch reflektieren und schließlich zu der Einsicht kommen, wo seine Stärken und Schwächen im Umgang mit dem Patienten liegen.

Wichtig ist das Lernen ärztlichen Verhaltens am Krankenbett. Neben diesen Grundlagen sollen die Regeln für den praktischen Umgang mit den Patienten dem jungen Arzt sowohl in der Praxis (Poliklinik) als auch bei der Visite auf der Station beigebracht werden. Diese Verhaltensweisen müssen eingeübt und immer wieder trainiert werden.

Was könnten Inhalte einer zukünftigen ärztlichen Ausbildung sein?

Sicherlich sind die Eigenschaften und Verhaltensweisen eines guten Arztes in unterschiedlichem Ausmaße erlernbar. Einige erlernen sie gut, andere nur bedingt. So ist das allgemeine »Interesse am Mitmenschen« kaum in einem Lernprozess vermittelbar, wenn es nicht wenigstens in Ansätzen bereits vorhanden ist. Dieses Interesse ist jedoch Grundvoraussetzung für die ärztliche Tätigkeit. Manchmal ist es verschüttet oder nicht auf den ersten Blick erkennbar. Das Interesse am Patienten wird daran deutlich, wie der Arzt mit diesem umgeht.

- In welcher »Umgebung« spreche ich mit dem Patienten?
- Wie rede ich den Patienten an?
- In welcher »Umgebung« untersuche ich den Patienten?
- Wie gehe ich bei der Untersuchung vor?
- Wie teile ich ihm die Untersuchungsergebnisse mit?
- Wie kläre ich ihn über notwendige zusätzliche Diagnostik auf?
- Wie kläre ich ihn über eine ungünstige Prognose auf?
- Wie erläutere ich ihm die notwendige Therapie?

Zu den Aufgaben des ärztlichen Lehrers gehört es, dieses Interesse aufzudecken, es zu fördern und den »Lehrling« auf dessen Defizite hinzuweisen.

Demgegenüber sind andere ärztliche Eigenschaften, wie Urteilskraft, Entscheidungsvermögen und Zuhören-Können, durch Vorbild, Erfahrung und Training durchaus erlernbar. Insbesondere die Urteilskraft, also die Fähigkeit, aufgrund von Untersuchungsbefunden und eigener Beobachtung zu einem Urteil zu gelangen, kann durch ständiges Training eingeübt werden. Doch auch das Urteilsvermögen bezüglich der Prognose und der optimalen Therapiestrategie ist auf der Basis von Sachwissen und Erfahrung durch Training verbesserungsfähig. Notwendig für diesen Lernprozess sind erfahrene klinische Lehrer, die mit ihren Schülern den Prozess der Urteilsbildung Schritt für Schritt analysieren (Wie komme ich bei diesem Kranken zu einer Diagnose?).

Weniger lehr- und lernbar ist die Fähigkeit, Entscheidungen zu treffen. Die Neigung, sich rasch oder eher zögerlich zu entscheiden, hängt offensichtlich von der Persönlichkeitsstruktur des Arztes ab. Zu rasch und vorschnell zu entscheiden kann ebenso nachteilig für den Patienten sein wie ein Hinauszögern von Entscheidungen. Hat jemand die eigenen Unzulänglichkeiten erkannt, ist er in der Regel in der Lage, diese in der erwünschten Richtung zu beeinflussen. Die besten Lehrmeister zur Entscheidungsfindung sind Selbstbeobachtung und Selbstdisziplin.

Kaum erlernbar ist Einfühlungsvermögen. Diese Fähigkeit ist dem einen Arzt mehr, dem anderen weniger gegeben. Doch auch diese emotionale Fähigkeit kann man bis zu einem gewissen Grad einüben und trainieren. Voraussetzung dafür ist es zu erkennen, wo die eigenen Schwächen liegen und wie wichtig diese Eigenschaft für die Betreuung eines Patienten ist.

Ein wesentliches Merkmal des Einfühlungsvermögens ist die Fähigkeit zuzuhören. Den meisten Ärzten ist nicht bewusst, wie viel von dieser Fähigkeit abhängt. Auch Zuhören muss man lernen und trainieren. Das erfordert Disziplin und Zurückhaltung. Einfühlungsvermögen ist insofern lernbar, als sich jeder Arzt probeweise in die Situation eines Patienten versetzen kann (»Ich könnte du sein«). Wie würde ich an seiner Stelle reagieren? Wie könnte der Arzt mir am wirkungsvollsten helfen? Was sollte der Arzt in meinem Fall unternehmen?

Wie eigne ich mir ärztliche Fähigkeiten an?
Am Ende des ärztlichen Erziehungs- und Entwicklungsprozesses steht die ärztliche Autorität: die vom Patienten anerkannte Persönlichkeit, deren Urteile und Empfehlungen respektiert werden. Es leuchtet ein, dass man ärztliche Autorität nicht erlernen kann, sie ist vielmehr eine Frage der Persönlichkeit und Folge erlernter ärztlicher Fähigkeiten. In ihr müssen ärztliche Qualifikation und charakterliche Eigenschaften in einer für den Patienten überzeugenden Einheit zusammenkommen. Die Heranbildung ärztlicher Autorität kann nur schrittweise vor sich gehen, am Ende ist es die gewachsene Arztpersönlichkeit, die dem Patienten das Gefühl des Sich-aufgehoben-Fühlens und der Sicherheit vermittelt.

Wie können junge Ärzte sich zur Arztpersönlichkeit, die Autorität hat, weiterentwickeln? Was können sie selbst zu diesem Entwicklungsprozess beitragen? Vorbilder sind am ehesten in der Lage, den Weg in die richtige Richtung zu weisen. Es muss nicht das große Vorbild einer einzigen Arztpersönlichkeit sein, in der Regel sind es vielmehr verschiedene Vorbilder mit all ihren Stärken und Schwächen. Der junge Arzt sollte lernen, seine meist älteren Kollegen und vorgesetzten Ärzte auch kritisch zu beobachten und als

Arztpersönlichkeit zu hinterfragen. Wie wird dieser Arzt von seinen Patienten gesehen? Gewinnen die Patienten zu diesem Arzt Vertrauen? Fühlen sie sich bei ihm aufgehoben? Akzeptieren sie seine Entscheidungen?

Im Idealfall trifft der junge Arzt auf einen oder mehrere »Lehrer«, die ihn so überzeugen, dass er ihrem Vorbild nachzueifern bereit ist. Er merkt aber auch, dass diese Lehrer nicht in allen, sondern nur in einigen Aspekten Vorbild sind. So habe ich bei meinen klinischen Lehrern bestimmte Verhaltensweisen gegenüber Patienten erlebt, die ich übernehmen wollte, andere dagegen nicht. Viele der ärztlichen Verhaltensweisen, die ich für vorbildlich hielt, habe ich übernommen, andere dagegen ganz bewusst nicht.

Gibt es etwas, was ich nicht mit meinen klinischen Lehrern besprochen habe? Ja, wir haben praktisch nie über die ethischen Grundlagen unseres Handelns gesprochen. Heute ist dies nicht anders. Das halte ich für einen großen Mangel. Fragt man junge Ärzte nach den ethischen Grundlagen ihres Handelns, erntet man meist ein ungläubiges Staunen, bestenfalls einen Hinweis auf den Hippokratischen Eid – mehr nicht.

Ärzte handeln heutzutage nach ethischen Regeln, die ihnen nicht bekannt oder zumindest nicht bewusst sind. Im Medizinstudium werden sie nicht gelehrt. Während der Ausbildung zum Arzt ist man allenfalls in Extremsituationen mit ethischen Regeln konfrontiert (in besonderen Situationen auf der Intensivstation). Dieses Nichtwissen ist der Grund vieler medizinischer und juristischer Fehler.

Doch so selbstverständlich und ethisch unbedenklich, wie es scheint, sind unsere ärztlichen Handlungen nicht. Gerade in Zeiten, in denen in unserem Land verschiedene Religionen praktiziert und Weltanschauungen vertreten werden (sowohl bei Ärzten als auch bei Patienten), muss sich der junge Arzt mit den ethischen Grundlagen seiner Tätigkeit befassen. Nur dann kann er in Extremsituationen die »richtige« Entscheidung fällen, nur dann kann er im Alltag seine Entscheidung überzeugend begründen.

Doch nicht nur in Extremsituationen, auch im Alltag benötigt der Arzt ethische Regeln für Situationen, die im hippokratischen Eid nicht angesprochen werden.

Diese Regeln zur ärztlichen Berufsausübung wurden von der Arbeitsgruppe (Ethikkommission) des schweizerischen Instituts Dialog Ethik, einer Non-Profit-Organisation in Zürich, ausgearbeitet.

Hier heißt es auszugsweise:

- Ich stelle die Sorge um die Behandlung meiner Patienten und deren Interessen immer voran, wende jeden Schaden von ihnen ab und füge ihnen auch keinen solchen zu.
- Ich betrachte das Wohl meiner Patienten als vorrangig, respektiere ihre Rechte und helfe ihnen, informierter Entscheidungen zu treffen.
- Ich betreibe eine Medizin mit Augenmaß und empfehle oder ergreife keine Maßnahmen, die nicht medizinisch indiziert sind.
- Ich fördere die Gesundheitskompetenz meiner Patientinnen und Patienten.
- Ich nehme mir für das Gespräch und für die menschliche Begegnung mit den Patienten (und mit ihren Angehörigen) die erforderliche Zeit und spreche mit ihnen auf eine verständliche und angemessene Weise.
- Ich respektiere und wahre grundsätzlich die Willensäußerungen meiner Patienten.
- Ich setze die mir zur Verfügung stehenden Ressourcen wirtschaftlich, transparent und gerecht ein.
- Ich nehme für die Zuweisung und Überweisung von Patienten keine geldwerten Leistungen entgegen.

- Ich gehe keinen Vertrag ein, der mich zu Leistungsmengen, zu nicht indizierten Leistungen oder zu Leistungsunterlassungen nötigt.

Diese Regeln könnten Grundlage eines neu formulierten Ärzte-Eides (Ärzte-Gelöbnis) sein. Sie gehen in verständlicher Sprache auf die heutigen Probleme der ärztlichen Versorgung der Patienten ein. Gerade in der heutigen Zeit, in der Ärzte unter erheblichem ökonomischen Druck stehen, sind solche Regeln erforderlich. Einige der o.g. Regeln spiegeln reale Situationen wider, in die Ärzte hineingeraten können und in denen sie sich an Regeln orientieren müssen.

Erlernen kann der junge Arzt, wie nach diesen Regeln ärztliche Entscheidungen getroffen werden. Er muss sich eindenken, *was* ethische Entscheidungen zum Wohle des Patienten bedeuten – und dass man das Wohl des Patienten unterschiedlich interpretieren kann. So zum Beispiel im Sinne des medizinisch Guten, aber auch im Sinne des persönlich Guten, wie es der Präferenz des Patienten entspricht. Gerade in schwierigen Situationen wie am Lebensende spielen Gesichtspunkte wie das grundsätzlich für Menschen Gute sowie das spirituell Gute im Sinne des Seelenheils des Patienten eine wichtige Rolle.

Danach, was für den einzelnen Patienten unter diesen Gesichtspunkten Priorität hat, müssen, wenn möglich, die Äußerungen des Patienten interpretiert werden.

Die Anleitung zur ärztlichen Kunst lässt sich wie folgt zusammenfassen:

- In vielem ist die Erziehung zum Arzt eine Schule des Charakters. Für die ärztliche Tätigkeit nützliche Eigenschaften müssen gestärkt, nachteilige zurückgedrängt oder beseitigt werden.

- Welche Eigenschaften sind für einen Arzt nicht angebracht? Eitelkeit, Selbstgerechtigkeit, Grobheit, Desinteresse, Oberflächlichkeit, Machthunger usw.

Erwünscht sind hingegen Fähigkeiten, die mit dem Interesse am Mitmenschen zu tun haben. Sich dem Mitmenschen zuzuwenden heißt, sich in dessen Situation zu versetzen, sich für ihn zu interessieren, zuzuhören, zu Urteilen zu kommen, Entscheidungen zu fällen, für ihn zu sorgen und sich dabei immer auch seiner Grenzen bewusst zu sein.

Karl Jaspers hat dies so ausgedrückt:

> *»Das Dasein eines vernünftigen Menschen mit der Kraft des Geistes und der überzeugenden Wirkung eines unbedingt gütigen Wesens weckt im anderen und so auch im Kranken unberechenbare Mächte des Vertrauens, des Lebenwollens, der Wahrhaftigkeit, ohne dass darüber ein Wort fällt. Was der Mensch dem Menschen sein kann, erschöpft sich nicht in Begreiflichkeiten.«*

Wie kann ich heute meine ärztliche Ausbildung verbessern?
Dies erreicht man am ehesten durch ein freiwilliges Praktikum während der höheren klinischen Semester. Dieses Praktikum sollte ganz bewusst die Aneignung ärztlicher Verhaltensweisen zum Ziel haben. Wichtig ist die Auswahl des Ausbildungsplatzes und besonders des »vorbildlichen Arztes«. Grundsätzlich kann diese Ausbildung sowohl in der Klinik als auch in der Praxis des niedergelassenen Arztes erfolgen.

Hauptkriterium für die Auswahl des ärztlichen Vorbildes ist: Er sollte sich genügend Zeit für den einzelnen Patienten nehmen und den Patienten persönlich untersuchen.

Ebenso wichtig ist es, dass das »ärztliche Vorbild« erklärt, was und warum es so handelt.

Wie findet man ein solches Vorbild? Vielfach geht Ärzten der Ruf eines guten Arztes voraus. Er wird von Patienten und Kollegen verbreitet. Dies gilt für die Klinik ebenso wie für den niedergelassenen Arzt. Nach meiner Erfahrung sind ärztliche Vorbilder häufig – aber nicht immer – älter und haben mehr Berufserfahrung. Das Fachgebiet ist nicht ausschlaggebend, häufig finden sich geeignete Vorbilder jedoch unter Ärzten für Allgemeinmedizin, Internisten oder internistischen Spezialisten.

Optimal ist die Ausbildung dann, wenn der Student, nach entsprechender ärztlicher Ausbildung, selbst probeweise die Rolle des ärztlichen Vorbildes übernimmt. Am besten unter Aufsicht und kritischer Wertung und Korrektur durch den ärztlichen Ausbilder.

Eine Ausbildung ärztlicher Verhaltensweisen kann auch in sogenannten Lehrvisiten in höheren klinischen Semestern erreicht werden. Hier macht das »ärztliche Vorbild« mit einer kleinen Gruppe von Studenten (am besten nicht mehr als sechs Teilnehmer) bei einigen, ausgewählten Patienten Visite. An einem der Patienten erklärt der ärztliche Ausbilder seine Vorgehensweise (von der Begrüßung des Patienten, über die Gesprächsführung und Untersuchung sowie der Indikationsstellung bis zu weiteren diagnostischen Maßnahmen).

Entscheidend für den Lerneffekt ist nicht so sehr die Vermittlung des Fachwissens als die Art des systematischen ärztlichen Vorgehens und der ärztlichen Verhaltensweisen gegenüber dem Patienten. Beim nachfolgenden Patienten untersucht einer der Studenten in Anwesenheit des »ärztlichen Vorbildes« und der übrigen Studenten einen Patienten nach dem vorgegebenen Muster. Im anschließenden Gespräch wird die Vorgehensweise des angehenden Arztes kritisch bewertet und korrigiert.

Wichtig ist bei dieser sogenannten Lehrvisite, dass es mehr auf ärztliche Verhaltensweisen und systematisches Vorgehen als auf die Vermittlung fachlichen Wissens ankommt. Auch über alle – scheinbar nebensächlichen – Defizite der Auszubildenden wird ganz offen gesprochen, beispielsweise:

- keine persönliche Ansprache des Patienten,
- fehlender Blickkontakt mit dem Patienten,
- Hände in den Hosentaschen,
- Fuß auf der Bettkante abgestützt,
- offener Kittel,
- schmutzige Fingernägel,
- grobe Untersuchungsmethoden.

Ein besonders häufiger Fehler, der auch erfahrenen Ärzten unterläuft, ist die Diskussion der Befunde des Kranken unter Kollegen in einer für den Patienten unverständlichen Sprache. Dies führt zu einer zunehmenden Verunsicherung des Patienten und zum Kontaktverlust zwischen Arzt und Patient. Daher sollten Diskussionen über das Krankheitsbild, so wichtig sie auch sind, nicht am Krankenbett in Anwesenheit des Patienten geführt werden.

Zusammenfassung

Ärztliche Kunst ist erlernbar. Was gerade heutzutage fehlt, ist eine systematische Ausbildung. Die heute praktizierte Selbstausbildung des jungen Arztes ist mangelhaft und muss durch Ausbildung unter Supervision eines erfahrenen Arztes ersetzt werden.

9 Wie finde ich den richtigen Arzt?

Wenn man als Notfall in ein Krankenhaus eingewiesen wird, stellt sich diese Frage nicht. Sie stellt sich aber immer dann, wenn man zum ersten Mal oder nach längerer Zeit wieder einen Arzt benötigt. Ebenso stellt sie sich, wenn man mit der derzeitigen ärztlichen Betreuung unzufrieden ist. Und sie stellt sich insbesondere für Patienten, die dauerhaft oder immer wieder krank sind und einer kontinuierlichen ärztlichen Betreuung bedürfen.

Naturgemäß ist es für Patienten schwierig, Ärzte nacheinander so lange zu erproben, bis sie den richtigen gefunden haben. Beim Herausfinden des richtigen Arztes ist es nützlich, sich umzuhören. Der gute Ruf eines Arztes besteht meist zu Recht, häufig erfährt man sogar, worauf der gute Ruf beruht und wo die Stärken dieses Arztes liegen. Doch nicht immer gelingt es, auf diesem Weg den für den einzelnen Patienten guten Arzt zu finden.

Dieses Buch kann bei der Suche nach dem guten und für Sie richtigen Arzt helfen, denn es zeigt, wo die Stärken eines guten Arztes liegen können. Es sollte auch gezeigt haben, was man von einem guten Arzt erwarten kann. Sie selbst sollten sich fragen, was für Sie bei einem Arzt besonders wichtig ist und wie Sie selbst ganz in Ihrem Sinne zu einem konstruktiven und zielführenden Verhältnis zwischen Ihnen und Ihrem Arzt beitragen können.

Ist es Ihnen wichtig, …

- dass er sich Zeit nimmt?
  Viele Patienten klagen darüber, dass sich ihr Arzt zu wenig Zeit für sie nimmt. Scheuen Sie nicht davor zurück, dies offen, aber freundlich anzusprechen, wenn Sie diesen Eindruck haben. Im Praxisalltag kann es sein, dass

der Arzt unter Zeitdruck gerät; zu bestimmten Zeiten, etwa während einer Erkältungswelle, ist das eher die Regel als die Ausnahme. Ein guter Arzt wird darauf nicht unwirsch reagieren oder Sie zurechtweisen, sondern Ihnen erklären, warum er momentan vielleicht etwas kurz angebunden ist und Ihnen eventuell einen Vorschlag machen, wann Sie zu einem ausführlicheren Gespräch kommen können, sofern es notwendig ist und Sie dies wünschen.

- dass er Ihnen zuhört?
  Ebenso häufig beschweren sich Patienten darüber, ihr Arzt höre ihnen gar nicht richtig zu. Naturgemäß ist es häufig so, dass Ärzte, die zu wenig Zeit haben, auch keine Geduld haben, richtig zuzuhören. Auch dies sollten Sie ruhig ansprechen. Sie könnten beispielsweise sagen, dass Sie nicht sicher sind, ob Ihr Arzt einen Punkt aus der Schilderung Ihrer Beschwerden verstanden hat und dass Ihnen dies wichtig sei. Manchmal ist es auch so, dass Patienten von der Schilderung ihrer Kernbeschwerden abschweifen und der Arzt sie deswegen unterbricht und zwischenfragt, wodurch dieser Eindruck entsteht. Sie können dazu beitragen, dass die Zeit in der Sprechstunde (sie heißt ja nicht umsonst so!) optimal genutzt wird, wenn Sie sich vorher ein paar Notizen zum wichtigsten Grund ihrer Konsultation machen und sie dann konzentriert vortragen.
- dass er sich in der apparativen und Labor-Diagnostik zurückhält und auf das wirklich Notwendige beschränkt?
  Wie bekannt, wird häufig nicht unbedingt notwendige Diagnostik durchgeführt. Gerade ein guter Arzt wird Sie mit nicht notwendigen, belastenden und kostspieligen Untersuchungen verschonen. Fragen Sie ihn aber

ruhig, ob nicht eventuell weitere apparative oder Laboruntersuchungen angebracht sind. Viele Patienten informieren sich heute im Internet über ihre Beschwerden, bevor sie zum Arzt gehen. Auf den Websites stehen dann aber oft alle erdenklichen und häufig eher beunruhigenden Ursachen, für deren Diagnostik dann entsprechend seltene und aufwändige Untersuchungen erforderlich sind. Und in den sogenannten Foren steht nicht selten ausgemachter Unsinn. Wenn Sie danach fragen, wird Ihnen ein guter Arzt ruhig erklären, warum er zunächst auf solche Maßnahmen verzichtet und dass er sie selbstverständlich durchführen wird, wenn sich im weiteren Verlauf Ihrer Behandlung zeigt, dass sie erforderlich sind.

- dass er Ihnen erklärt, welche Diagnostik notwendig ist, welchen Verlauf die Erkrankung nehmen kann und welche Therapiemöglichkeiten bestehen?
  Auch hierüber beklagen sich Patienten nicht selten: »Er hat mir meine Diagnose gar nicht erklärt und auch nicht gesagt, welche Therapiemöglichkeiten es gibt. Er hat mir nur ein Rezept ausgestellt.« Hier gilt wieder: Scheuen Sie sich nicht, Ihrem Arzt diese Fragen zu stellen. Es ist Ihr gutes Recht, die Gründe für die Entscheidung Ihres Arztes zu erfahren! Sie sollten allerdings auch nicht davor zurückschrecken, eventuell eine Zweitmeinung bei einem anderen Arzt einzuholen. Bei lebensverändernden Diagnosen bezahlen die Krankenkassen heute eine solche zusätzliche Beratung und bieten oft sogar einen Service an, wie und wo Sie einen entsprechenden Spezialisten finden können. Ein guter und souveräner Arzt wird nicht beleidigt sein, wenn Sie ihm erklären, dass Sie auch noch einen anderen Kollegen konsultieren möchten oder dies bereits getan haben. Viele Ärzte sind

sogar froh darüber, wenn dadurch ihre Diagnose bestätigt wird oder sich durch eine zusätzliche Untersuchung neue Aspekte ergeben, die er in der Weiterbehandlung berücksichtigen kann.

Obwohl dieses Buch in erster Linie für Studierende der Medizin, Ärztinnen und Ärzte geschrieben wurde, kann es sicherlich auch viele der Fragen beantworten, die Patienten und Angehörige an die derzeit geübte ärztliche Praxis haben. Nach dem Lesen des Textes wird es Ihnen daher vermutlich leichter fallen, den für Sie richtigen Arzt zu finden. Wichtig ist stets, dass in der Arzt-Patienten-Beziehung eine möglichst gute Passung erreicht wird. Nur dann ist ein optimales Ergebnis der Behandlung zu erwarten, und dazu tragen beide Seiten bei. Offenheit und gegenseitiges Verständnis, auf Ihrer Seite etwa für einen situativen Zeitdruck bei Ihrem Arzt, sind von großer Bedeutung. Auch kritische Rückfragen sind selbstverständlich erlaubt, sie sollten aber freundlich gestellt werden.

Zitierte und weiterführende Literatur

Abernathy, C, Hamm, RM: Surgical Intuition: What it is and how to Get it: Hanley & Belfus; 1995.

Albrecht, H: Zeit für einen neuen Eid. Die Zeit Nr. 46, 12. Nov. 2015.

Anschütz, F: Ärztliches Handeln: Grundlagen, Möglichkeiten, Grenzen, Widersprüche: Wissenschaftliche Buchgesellschaft; 1987.

Antonovsky, A: Salutogenese. Zur Entmystifizierung der Gesundheit. In: Frank A, editor. Tübingen: Deutsche Gesellschaft für Verhaltenstherapie; p. 222; 1997.

Bartens, W: Das sieht aber gar nicht gut aus: Was wir von Ärzten nie wieder hören wollen: Pantheon; 2013.

Beauchamp, TL; Childress, JF: Principles of biomedical ethics. 7. ed. New York, NY: Oxford Univ. Press; 2013.

Berger, J: Geschichten eines Landarztes, Carl Hanser Verlag, München/Wien; 1998.

Bergner, T: Wie geht's uns denn? Ärztliche Kommunikation optimieren. Stuttgart: Schattauer; 2009.

Bieri, P: Eine Art zu leben. Über die Vielfalt menschlicher Würde. Frankfurt a. M.: Fischer; 2015.

Bliss, M: William Osler. A life in medicine. New York, Oxford: Oxford University Press; 2007.

Bloom, P: Against empathy. The case for rational compassion. New York, NY: Ecco; 2016.

Dörner, K: Der gute Arzt. Lehrbuch der ärztlichen Grundhaltung. Stuttgart: Schattauer; 2001.

Emmerling, P; Dutta, G: Ärztliche Kommunikation. Als Erstes heile mit dem Wort. Stuttgart: Schattauer; 2015.

Engelhardt von, D: Mit Krankheit leben, Medizin im Wandel. Verlag für Medizin Dr. Ewald Fischer; 1986.

Feinstein, AR: Clinical judgment. Williams & Wilkins; 1967.

Flashar, H: Hippokrates: Meister der Heilkunst. C. H. Beck; 2016.

Foucault, M: Die Geburt der Klinik. Eine Archäologie des ärztlichen Blicks. 8. Auflage, Frankfurt a. M.: Fischer Taschenbuch Verlag 1988; 2008.

Giger, M: Ein Eid für heutige Ärztinnen und Ärzte. Schweizerische Ärztezeitung 2015; 96 (25): 930–934.

Groopman J: How Doctors Think: Scribe Publications; 2010.

Hirschhausen, E von: Wunder wirken Wunder. Wie Medizin und Magie uns heilen. 2016.

Hoff, F: Erlebnisse und Besinnung, Erinnerungen eines Arztes, Verlag Profilen; 1971.
Honnefelder, L (Hg.): Ärztliches Urteilen und Handeln. Zur Grundlegung einer medizinischen Ethik. Frankfurt am Main u.a.: Insel-Verl.; 1994.
Hufeland, CW von: Makrobiotik oder die Kunst, das menschliche Leben zu verlängern. Wien; 1846.
Illich, I: Die Nemesis der Medizin: die Kritik der Medikalisierung des Lebens: C. H. Beck; 1995.
Jaspers, K: Philosophische Aufsätze: Fischer Bücherei, Bücher des Wissens; 1967.
Jaspers, K: Philosophie. 2., unveränderte Auflage, Berlin: Springer; 1948.
Jonas, H: Das Prinzip Verantwortung. Versuch einer Ethik für die technologische Zivilisation. Frankfurt am Main: Suhrkamp; 2009.
Jonas, H: Philosophische Untersuchungen und metaphysische Vermutungen. Frankfurt am Main: Insel-Verl.; 1992.
Kodolitsch, Y von; Bernhardt, Alexander M.; Koelbel, T; Detter, C; Reichenspurner, H; Debus, ES; Schumacher, U (2015): Maximizing therapeutic success. The key concepts of individualized medical strategy (IMS). In: Cogent Medicine 2 (1), 344e3996. DOI: 10.1080/2331205X.2015.1109742.
Lantos, JD.: Do we still need doctors? New York, London: Routledge; 1999.
Lindeboom, GA; van Lieburg, MJ: Herman Boerhaave. The man and his work. 2. ed. Rotterdam: Erasmus Publ (Pantaleon reeks, 31); 2007.
Lown, B: Die verlorene Kunst des Heilens. Anleitung zum Umdenken. Stuttgart: Schattauer; 2002.
Lown, B; Hontschik, B: Heilkunst. Mut zur Menschlichkeit. Stuttgart: Schattauer; 2015.
Maio, G: Geschäftsmodell Gesundheit: Wie der Markt die Heilkunst abschafft: Suhrkamp Verlag; 2015.
Maio, G: So funktioniert Medizin nun mal nicht! DMW, Ausgabe 13/2015.
Mannebach, H: Die Struktur des ärztlichen Denkens und Handelns.: Ein Beitrag zur Qualitätssicherung in der Medizin: Thieme Georg Verlag; 1997.
Meyer-Abich, KM: Was es bedeutet, gesund zu sein. Philosophie der Medizin. München: Hanser; 2010.
Müller F von.: Lebenserinnerungen, J.F. Lehmann, München; 1953.

Peintinger M: Therapeutische Partnerschaft: Aufklärung zwischen Patientenautonomie und ärztlicher Selbstbestimmung: Springer Vienna; 2011.

Pellegrino, ED; Thomasma, DC: For the patient's good. The restoration of beneficence in health care. New York: Oxford University Press; 1988.

Popper, Karl R.: Alles Leben ist Problemlösen. Über Erkenntnis, Geschichte und Politik. Unveränd. Taschenbuchausg. München, Zürich: Piper; 1996.

Popper, KR; Eccles, JC: The self and its brain. Repr. London: Routledge; 1990.

Ridder, M de: Welche Medizin wollen wir? Warum wir den Menschen wieder in den Mittelpunkt ärztlichen Handelns stellen müssen. München: Dt. Verl.-Anst.; 2015.

Risak, E: Der Klinische Blick. 6 unveränderte Auflage. Vienna: Springer; 1938.

Rössler D, Waller HD. Medizin zwischen Geisteswissenschaft und Naturwissenschaft. Drittes Blaubeurer Symposion vom 30. September–2.Oktober 1988: Attempto Verlag Tübingen; 1988.

Sadegh-Zadeh, K (Hg.): Zur Logik und Methodologie der ärztlichen Urteilsbildung. Methods of Information in Medicine 11, S. 203–212.; 1972.

Schaefer, H: Plädoyer für eine neue Medizin. München: Piper, 1979.

Schnädelbach, H: Was Philosophen wissen. Und was man von ihnen lernen kann. München: C. H. Beck; 2013.

Schön D. The Reflective Practitioner, How Professionals Think In Action. London: Basic Books; 1983.

Schölmerich, P: Wandel im Selbstverständnis der Medizin. Mainz, Akademie der Wissenschaften und der Literatur; 1988.

Schramme T: Krankheitstheorien. Herausgegeben von Thomas Schramme: Berlin: Suhrkamp Verlag; 2012.

Shorter E: Das Arzt-Patienten-Verhältnis in der Geschichte und heute. Wien: Picus Verlag GmbH; 1991.

Sigerist, HE: Große Ärzte, J.F. München: Lehmann Verlag, 1954.

Sox H, Blatt MA, Higgins MC, Marton KI: Medical decision making. Philadelphia: American College of Physicians; 2007.

Uexküll, T von; Wesiack, W: Theorie der Humanmedizin. Grundlagen ärztlichen Denkens und Handelns. 3., völlig überarb. Aufl. München: Urban & Schwarzenberg; 1998.

Unschuld PU: Ware Gesundheit: das Ende der klassischen Medizin: C. H. Beck; 2009.

Wieland W: Diagnose. Überlegungen zur Medizintheorie: Verlag Johannes G. Hoof. Warendorf; 2004.